"家装设计速通指南" INTERIOR DECORATION DESIGN

装修材料

家装设计速通指南编写组 编

详解

机械工业出版社
CHINA MACHINE PRESS

本书对上百种装修材料进行了全面系统的整合，简明扼要地从选材、施工、应用、保养、对比及参考报价等多方面进行一站式介绍，同时搭配真实案例进行深度解析，力求为读者提供一本专业、便捷、高效的装修材料速查指南。本书适合室内设计师及广大装修业主参考使用。

图书在版编目（CIP）数据

家装设计速通指南. 装修材料详解／家装设计速通指南编写组编. — 北京：机械工业出版社，2018.7
ISBN 978−7−111−60291−0

Ⅰ.①家… Ⅱ.①家… Ⅲ.①住宅 − 室内装饰设计 − 指南②住宅 − 室内装修 − 装修材料 − 指南 Ⅳ.①TU241−62②TU56−62

中国版本图书馆CIP数据核字(2018)第127531号

机械工业出版社（北京市百万庄大街22号　邮政编码 100037）
策划编辑：宋晓磊　　　　责任编辑：宋晓磊
责任印制：孙　炜　　　　责任校对：刘时光
北京汇林印务有限公司印刷

2018年7月第1版第1次印刷
184mm×260mm·14印张·190千字
标准书号：ISBN 978−7−111−60291−0
定价：75.00元

CONTENTS
目 录

CONTENTS
目 录

第 1 章

顶面装饰材料

No.1 纸面石膏板

纸面石膏板是以建筑石膏为主要原料，掺入适量添加剂与纤维做板芯，以特制的板纸为护面，经加工制成。具有重量轻、隔声、隔热、可加工性强、施工方便等特点。纸面石膏板可分普通、耐水、耐火和防潮四类。

施工简单，装饰性好

纸面石膏板加工方便，可施工性好，只需在所施工的顶面或墙面放线定位，安装造型龙骨，再将纸面石膏板用钉、粘等方式固定即可。因为纸面石膏板的可加工性好，板块之间通过无缝处理就可以达到无缝对接的效果，用它做装饰材料可极大地提高施工效率。

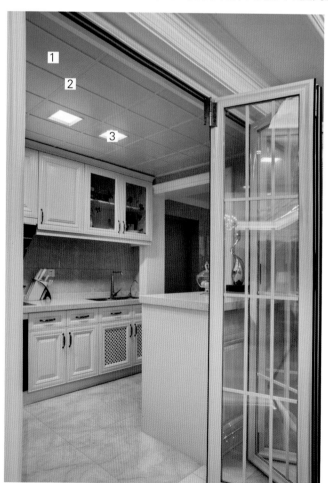

材料运用说明：白色纸面石膏板与石膏线形成浅井字格造型，让厨房的顶面设计更有层次感。

装饰材料运用

1 纸面石膏板

2 石膏装饰线

3 嵌入式筒灯

装饰材料运用

1 纸面石膏板

2 石膏线

3 筒灯

4 水晶吊灯

材料运用说明：空间层架不高的情况下，将顶面设计成平面是最合适的选择，可以通过简洁的石膏线条来丰富顶面设计的层次感。

装饰材料运用

1 纸面石膏板

2 黑色装饰线

3 灯带

材料运用说明：用白色石膏板作为客厅顶面装饰，让以深色调为主的客厅空间在色彩搭配上更有层次感，使整个空间沉稳而不显沉闷。

装饰材料运用

1 纸面石膏板

2 木质装饰线

3 灯带

4 筒灯

材料运用说明：欧式风格卧室中没有过多繁复的造型设计，仅通过简单的直线条来进行修饰，再融入暖色调的灯光来营造出一个温馨舒适的睡眠空间。

纸面石膏板的鉴别

    1. 外观检查。先看表面是否平整光滑，质量好的纸面石膏板没有气孔、污痕、裂纹、缺角、色彩不均和图案不完整的现象，下两层牛皮纸必须结实。再观察纸面石膏板的侧面，看石膏质地是否密实，有没有空鼓现象，越密实的纸面石膏板越耐用。

    2. 用手敲击。如敲击后纸面石膏板发出很实的声音，说明纸面石膏板严实耐用；如发出很空的声音，则说明板内有空鼓现象，且质地不好。此外，用手掂分量也可以评判纸面石膏板的优劣。

装饰材料运用

1 纸面石膏板

2 实木装饰线

3 筒灯

材料运用说明： 圆弧形的顶面设计，彰显了空间造型设计的别致，木质材料与纸面石膏板相结合，调和了空间的色调层次。

材料运用说明： 玄关与客厅之间没有做任何间隔设计，仅通过顶面的设计造型来进行简单的区域划分，简洁、实用，又能让整个居室空间的顶面设计更加丰富。

装饰材料运用

1 纸面石膏板

2 筒灯

装饰材料运用　　**材料运用说明：** 卧室的顶面设计没有过多的繁复造型，采用平顶纸面石膏板

1 纸面石膏板　　搭配几盏筒灯，让整个空间简洁大气却不失温馨。

2 筒灯

石膏板速查档案

	材　质	应　用	参考价格
普通石膏板	建筑石膏、纤维	客厅、餐厅、卧室等空间的顶面及墙面装饰使用	200元/m²
防潮石膏板	建筑石膏、纤维	浴室、阳台空间的顶面装饰使用	200元/m²
防火石膏板	建筑石膏、纤维	多用于厨房空间的顶面装饰使用	200元/m²

• 本书列出价格仅供参考，实际售价请以市场现价为准

No.2 硅酸钙板

硅酸钙板是由硅质材料、钙质材料、增强纤维、助剂等按一定配合比，经过模压、蒸压等工艺制成的一种新型的建材。因其强度高、重量轻，并具有良好的可加工性和不燃性，被广泛用于室内吊顶和间隔的墙体。硅酸钙板具有防火、防潮、隔声、防虫蛀、耐久性强等特点。

可选花样多，保养方便

硅酸钙板的表面纹理十分丰富，表层印有图纹的硅酸钙板也被称为"化妆板"。硅酸钙板的表层纹理主要有仿木纹、仿大理石纹和花岗石纹等。

硅酸钙板的清洁保养十分简单，只需用清水擦拭即可；若是表面印有纹样的"化妆板"，可以用清洁剂、松香水或去污剂等溶剂直接擦拭。

材料运用说明： 凹凸错层的顶面设计，通过两种不同材质的组合，显得更有层次感；在颜色上与小型家具相呼应，给简洁的客厅增添了一定的整体感。

装饰材料运用

1 纸面石膏板

2 硅酸钙板

3 筒灯

选购与识别

进口板材的颜色很浅，呈白色，表面光滑，板材的密度高，品质较好，但是价格比较高；国产板材的颜色比较深，表面不是很光滑，但是价格比较低廉。在选购时，可以通过观察硅酸钙板的表面是否光滑以及颜色的深浅来辨别板材。

装饰材料运用

1 纸面石膏板
2 硅酸钙板
3 筒灯

材料运用说明：客厅中没有过多的造型设计，仅通过直线进行装饰，顶面凹凸的造型设计让空间更有立体感，也使整个空间的设计更有层次感。

硅酸钙板速查档案

分 类	材质与应用	规格尺寸	参考价格
平面硅酸钙板	水泥、硅砂、纤维 顶棚、隔间墙、墙壁	60cm×60cm、 90cm×180cm、 120cm×240cm， 厚度6~12mm	180~240元/m²
穿孔硅酸钙板	水泥、硅砂、纤维 顶棚、隔间墙、墙壁	60cm×60cm、 90cm×180cm、 120cm×240cm， 厚度6~12mm	180~240元/m²

• 本书列出价格仅供参考，实际售价请以市场现价为准

No.3 木丝吸音板

木丝吸音板以白杨木纤维为原料，结合独特的无机硬水泥黏合剂，采用连续操作工艺，在高温、高压条件下制成。外观独特，吸音良好，具有独特的表面丝状纹理，给人一种原始粗犷的感觉，满足了现代人回归自然的理念。

木丝吸音板的安装

吊顶安装

在进行顶面安装时，龙骨的选择应根据木丝吸音板的重量而定。一般龙骨有600mm×600mm或600 mm× 1200mm两种。在架设好龙骨之后，可以采用螺钉将木丝吸音板固定在龙骨上。

墙面安装

首先应对基面进行处理，保持施工面的干燥与整洁。在有木龙骨的情况下，从木丝吸音板的侧面20mm厚度处斜角钉入普通的不锈钢钉子；在没有木龙骨的情况下，一般采用爆炸螺丝把小段的木垫片固定在轻钢龙骨上，然后将木丝吸音板固定在木垫片上。如果墙面没有龙骨时，采用玻璃胶或其他胶水直接将木丝吸音板粘贴上即可。

材料运用说明： 米色木丝吸音板在色彩与材质上都与餐厅中其他装饰元素相协调。顶面灯具的巧妙运用，有效缓解了暗色调给空间带来的压抑感。

装饰材料运用

1 木丝吸音板

2 石膏线

3 筒灯

4 水晶吊灯

木丝吸音板速查档案

分 类		规格尺寸	材质与应用	参考价格
方形木丝板		60cm×60cm，厚度6~12mm	以白杨木纤维、水泥黏合剂为原材料；适用于顶棚、墙壁	60~150元/张
长形木丝板		690cm×180cm、120cm×240cm，厚度6~12mm	以白杨木纤维、水泥黏合剂为原材料；适用于顶棚、墙壁	60~150元/张
多边形木丝板		每条边长120mm，厚度6~12mm	以白杨木纤维、水泥黏合剂为原材料；适用于墙壁	60~150元/张

• 本书列出价格仅供参考，实际售价请以市场现价为准

No.4 PVC扣板

PVC扣板是以聚氯乙烯树脂为基料，加入抗老化剂、改性剂等助剂，经混炼、压延、真空吸塑等工艺而制成。材质重量轻、安装简便、防水防潮、防蛀虫，表面的花色图案多样，并且具有耐污染、阻燃、隔声、隔热等良好性能。

物美价廉的PVC扣板

PVC是聚氯乙烯材料的简称，属于塑料装饰材料的一种。PVC扣板所占的市场份额比较大，价格也是十分经济实惠。因此，PVC扣板以质轻、防水、防潮、经济实惠等特点深受广大消费者喜爱。

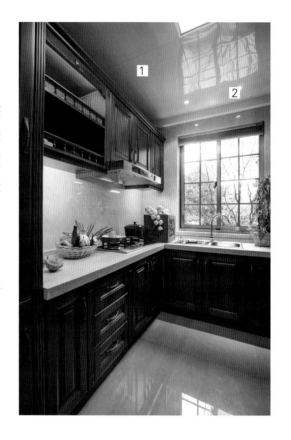

材料运用说明： 白色亮面PVC扣板使小面积的厨房空间显得更加整洁、明亮。

装饰材料运用

1 PVC扣板

2 筒灯

PVC扣板速查档案

	规格尺寸	材质与应用	参考价格
	宽200mm，厚度有7mm、9mm、10mm、12mm，长为6m	以PVC（聚氯乙烯）为原材料；适用于厨房、卫浴间的顶棚	20~80元/m

• 本书列出价格仅供参考，实际售价请以市场现价为准

PVC扣板的质量鉴别

1. 查看产品包装是否完好。

2. 查验塑钢的刚性，用力捏板茎，捏不断，则板质刚性好。

3. 查验韧性，180°折板边10次以上，板边不断裂，则韧性好。

4. 查验板面是否牢固，用指甲用力掐板面端头，不产生破裂则板质优良。

5. 优质PVC扣板的板面色泽光亮，底板色泽纯白莹润。

材料运用说明：印花PVC扣板的图案、颜色与墙面、地面的材料相呼应，让卫浴间的设计更有整体感。

装饰材料运用

1 印花PVC扣板

PVC扣板的选购

选购PVC扣板时，首先要求外表美观，板面应平整光滑、无裂纹、无磕碰，能拆装自如，表面有光泽无划痕，用手敲击板面声音清脆。其次，闻闻板材，如带有强烈刺激性气味，则对身体有害，应选择无味安全的产品。

No.5 铝扣板

铝扣板是以铝合金板材为基底，通过开料、剪角、膜压制造而成。相比其他材质的板材，铝扣板的花色更多、使用寿命更长。

装饰材料运用

1 印花铝扣板
2 嵌入式灯具

铝扣板吊顶的优点

1. 铝扣板具有良好的防潮、防油污和阻燃性。美观大方，安装也十分方便。

2. 铝扣板还具有非常出色的耐腐蚀性，可抵御各种油烟，也适用于潮湿环境，同时还具有抗紫外线的功能。

3. 卫浴间和厨房是整个居室中很重要的区域，在吊顶选材上要选择环保、无毒无味、易清洗、硬度高、防火、不粘污渍的材质，而铝扣板就是不错的选择。

4. 铝扣板的使用寿命较长，不易变色和变形，价格适中，是一种物美价廉的装饰材料。

材料运用说明： 厨房双色印花铝扣板的运用，丰富了顶面设计的层次；精美的图案、柔和的色彩与墙面、地面的材质相得益彰，突出了实木橱柜的质感与沉稳。

铝扣板吊顶的主要用途

铝扣板吊顶主要用于卫浴间和厨房。厨房会有较多的油渍和水汽，所以需要选择防油污的材料；卫浴间没有太多的油渍，但是大量的水汽也决定了在吊顶时要注意材质的选择，而铝扣板具有良好的防潮性能，是卫浴间吊顶装饰材料的最佳选择。

材料运用说明： 白色亚光饰面的铝扣板十分适合带有明窗的卫浴间使用，既不会因为灯光的照射而产生反光，也不会因采光问题而产生昏暗的感觉。

装饰材料运用

1 白色亚光铝扣板

材料运用说明： 整个厨房的背景色为白色，可以选用带有压纹边框的铝扣板进行装饰，以此为简洁的顶面设计带来一定的层次感。

装饰材料运用

1 白色亚光铝扣板

铝扣板的选购

1. 厚度。铝扣板的薄厚并不能决定产品的优劣，通常来讲板材的厚度只要达到0.6mm即可。

2. 材质挑选。在辨别铝扣板材质优劣时，除了观察板材薄厚是否均匀外，还要看铝扣板的弹性和韧性。可以试着将样板用手折弯，若是质地好的铝材，被折弯后会在一定程度上反弹；相反，质地不好的铝材则不会恢复原状。

3. 镀锌龙骨种类挑选。铝扣板吊顶的龙骨最好选用轻钢龙骨，品质好的轻钢龙骨经过镀锌后，表面呈雪花状。在选购时应注意是否有雪花状的镀锌表层，若雪花状图案清晰、手感较硬、缝隙较小，即属于质量较好的龙骨。

材料运用说明： 白色铝扣板的运用在色彩上延续了厨房部分橱柜与台面的色彩，减少了深色调橱柜带来的沉闷感。

装饰材料运用

1 白色铝扣板

铝扣板速查档案

	规格尺寸	材质与应用	参考价格
	300mm×300mm、600mm×600mm	以铝合金为原材料；适用于厨房、卫浴间的顶棚	50~600元/m²

• 本书列出价格仅供参考，实际售价请以市场现价为准

第 2 章

墙面装饰材料

No.1 风化板

风化板可分为实木板和贴皮夹板两种, 都是通过去除木纹中质地较软的部分而制成的。其表面呈风化的斑驳状或纹理呈凹凸状, 装饰性非常强。通常情况下, 实木风化板可以直接用于家具及墙面装饰的制作; 贴皮夹板风化板则可以像其他饰面板一样, 贴在家具或墙面上, 做表面装饰使用。

风化板的形成

1. 钢丝刷处理法。利用钢刷磨除木材纹理中较软的部分, 从而使木材表面的纹理形成凹凸的触感。钢丝刷处理法主要用于梧桐木等相对质地较软的木材, 因此, 价格也相对比较低廉。

2. 喷砂磨除法。喷砂磨除法能加强局部纹理深浅差异, 对于木材质地较硬的榉木、柚木等, 可以选用喷砂磨除法来进行木材表面处理, 以达到理想的效果。喷砂磨除法制作出的风化板属于定制类风化板, 因此价格是普通钢丝刷风化板的3倍左右。

材料运用说明: 纹理突出的风化板让造型简洁的电视背景墙更有质感, 在色彩上也柔化了整个黑白色调给空间带来的冷硬感。

装饰材料运用
1 风化板
2 钢化玻璃

木材剖面决定风化板的纹理

木材的剖面不同, 风化板所呈现的纹理也不尽相同, 主要可分为直纹和山纹两种。其中山纹的纹理线条更加清晰, 凹凸感更强, 能营造出自然、粗犷的空间氛围; 而直纹则较多呈现出简洁、严肃的空间氛围。

材料运用说明: 木色风化板通过自身的纹理给同色调的空间增添了一定的层次感, 让整个空间的色彩更合理。

装饰材料运用
1 木色风化板
2 乳胶漆

经济实用的梧桐木风化板

梧桐木风化板是目前市场上最受欢迎、最常见的风化板木种之一。梧桐木的重量轻、色泽浅, 因此能够牢固地贴覆在墙面或家具表面。此外, 梧桐木风化板表面颜色处理也比较容易, 如果做洗白、特殊染色处理, 成色效果很好。由于梧桐木风化板的质地较软, 因此不适合做地面装饰。

风化板速查档案

	材　质	应　用	参考价格
	由各式木料制作而成, 以梧桐木最为常见	作为室内墙面或家具贴面使用	贴皮夹板400元/张, 实木板600~2000元/张

• 本书列出价格仅供参考, 实际售价请以市场现价为准

No.2 定向纤维板

定向纤维板又称定向结构刨花板、欧松板，是一种将木材切碎后，经脱油、干燥、施胶、定向铺装、热压成型等工艺制成的定向结构板材，可作为装饰面或结构材料使用。定向纤维板的甲醛释放含量低，并且结实耐用，比中密度纤维板制作的家具质量更轻，平整度更好。

环保取材，绿色健康

定向纤维板多取材于白松木、白杨木、白桦木等再生木种，使用少量高级环保胶黏剂制作而成，其甲醛释放量几乎为零，远远低于其他板材，可以与天然木材相媲美，是目前市场上最高等级的装饰板材，绿色环保，完全满足了人们对环保与健康生活的要求。

装饰材料运用 **材料运用说明：**装饰搁板的运用让单一的白色墙面设计更加丰富。

1 白色乳胶漆

2 定向纤维板

结实耐用、防水、防尘、易加工

　　定向纤维板的咬合紧密度优于普通木芯板。由于木屑之间的少许缝隙，在某种程度上保留了板材吸收水分、热胀冷缩的弹性，使板材更加结实耐用，不易产生变形或破裂的现象。此外，定向纤维板的最后一道加工程序是采用蜜蜡打磨形成防护膜，使其具有防水、防尘的效果，适合铺设墙面或装饰地面，也可以制成家具的夹板。

定向纤维板速查档案

材质分类	特　点	应　用	参考价格
白松木定向纤维板	木材密度较高，表层光滑，木板强度好	可用于墙面造型及家具、门板的基层制作	250元/片
白杨木定向纤维板	木材细孔粗大，表面比较粗糙，装饰效果好	可用于墙面造型及家具、门板的基层制作	250元/片

• 本书列出价格仅供参考，实际售价请以市场现价为准

No.3 椰壳板

椰壳板是一种新型环保建材,将经过切割并干燥的椰壳去丝、磨光后,再由手工拼组而成。纯人工的编排制作,使板材具有多样、独特的纹理效果,可用于背景墙面或间隔墙面,能够打造出浓郁的东南亚风情。

多变、独特的纹理

椰壳为天然物品,每片之间都会有一些天然的色差,也会存在天然纹路及厚薄的不同,但是不影响产品质量和外观,反而更能展现出它的天然之美。椰壳板的拼贴有多种组合方式,例如,二拼板、复古板、不规则拼接板、人字拼板、回字拼板等。

装饰材料运用

1 米白色乳胶漆

2 椰壳板

材料运用说明:椰壳板饰面的造型茶几彰显了东南亚风情的朴素与智慧。

椰壳板的应用

椰壳板除了可以装饰背景墙及间隔墙面,还可以用于家具的饰面装饰,如:茶几、梳妆台、椅子、吧台等。在使用椰壳板装饰室内空间时,不仅可以运用固定尺寸的板材进行装饰,还可以根据实际情况进行裁切,而且可以通过油漆来进行换色搭配。

椰壳板的常见种类

经过打磨后的椰壳色泽自然，多半为咖啡色，其颜色的深浅与其生长的年限、光照强度等自然条件有关。为了避免成品板材的单调，可以在拼贴时做一些调整。通常情况下有三种颜色的成品：一般椰壳板、洗白椰壳板、黑亮椰壳板。

装饰材料运用
1 椰壳板贴面家具
2 白色人造石

材料运用说明： 椰壳板饰面的矮柜为白色调的空间增添了色彩上的层次感。

椰壳板的保护与清洁

椰壳板为天然装饰材料，在使用时会因温度和湿度的变化或长期与空气接触而导致氧化，可以适当地涂刷保护漆来避免。透明保护漆既不破坏原色，又能对板材起到保护作用。除此之外，还可以进行木皮染色，不仅可以加深椰壳板本身的色泽，还可以堵塞椰壳板的天然细孔，预防发霉，延长椰壳板的使用寿命。

由于椰壳板的表面带有弧度，在拼贴时会产生缝隙，很容易出现卡尘的现象，清理时应注意不要用水直接冲洗，而是用干布拂去表面灰尘或用半干的抹布擦拭。

椰壳板速查档案

	特　点	应　用	参考价格
	硬度高、防潮、防蛀、装饰效果好	墙面装饰或家具表面装饰	30~60元/片 （15~20片/m²）

• 本书列出价格仅供参考，实际售价请以市场现价为准

No.4 环保免漆板

环保免漆板是一种新型的环保装饰材料，是将带有不同颜色或纹理的纸放入三聚氰胺树脂胶黏剂中浸泡，干燥后将其铺装在刨花板、防潮板、中密度纤维板、胶合板、细木工板或实木板材上面，经热压而成的装饰板，因此环保免漆板也常叫作三聚氰胺板。

质感天然，经久耐用，装饰效果好

环保免漆板的质感天然、木纹清晰，可以与原木相媲美，且产品表面无色差。具有离火自熄、耐洗、耐磨、防潮、防腐、防酸、防碱等特点。环保免漆板的造型、色泽搭配合理，施工方便、工期短、效率高、效果好，因此环保免漆板是一种绿色环保的装饰材料。

材料运用说明: 木质面板天然的纹理及色彩丰富了整个电视背景墙的设计造型。

装饰材料运用
1 白色石膏板
2 环保免漆板
3 灰镜装饰线

装饰材料运用

1 环保免漆板

2 装饰镜面

材料运用说明： 墙面大量的木质板材为以灰色为基调的空间增温不少；清晰的木质纹理也彰显了空间的雅致感。

装饰材料运用

1 环保免漆板

2 装饰画

材料运用说明： 木质板材的拓缝处理，让造型简洁的墙面在设计上更有层次感。

环保免漆板速查档案

	特点及应用	规格尺寸	参考价格
	具有天然质感，纹理清晰，离火自熄 适用于各种风格的室内墙面及家具表面装饰	长2400mm，宽1200mm，厚17mm	150~300元/张

• 本书列出价格仅供参考，实际售价请以市场现价为准

No.5 木饰面板

木饰面板全称装饰单板贴面胶合板，它是将天然木材或科技木刨切成一定厚度的薄片，黏附于胶合板表面，然后热压而成的一种用于室内装修或家具表面的装饰材料。

木饰面板的分类

常见的木饰面板分为天然木饰面板和人造薄木饰面板。天然木饰面板基本为通直纹理或图案有规则；而人造薄木饰面板为天然木质花纹，纹理图案自然、无规则。此外，木饰面板也可按照木材的种类来进行区分，目前市场上常见的木饰面板大致有柚木饰面板、胡桃木饰面板、枫木饰面板、水曲柳饰面板、榉木饰面板等。

材料运用说明：木饰面板的颜色与窗帘的颜色相呼应，增强了空间设计的整体感。

装饰材料运用
1 柚木饰面板
2 装饰画

材料运用说明：木饰面板的色调十分自然，提升了整体空间的舒适感，也大大增添了空间的收纳能力。

装饰材料运用
1 柚木饰面板

木饰面板的鉴别

1. 表皮的厚度。看贴面板的薄厚程度，越厚的性能越好，涂装后实木感越真、纹理也越清晰、色泽鲜明饱和度越好。在鉴别贴面板薄厚程度时，可以查看板的边缘有无沙透，板面有无渗胶，涂水后有无泛青等现象。如果存在上述问题，则说明面板皮较薄。

2. 表面美观度。纹理清晰、色泽协调的为优质板材。此外还要看板材是否翘曲变形，能否垂直竖立、自然平放。如果发生翘曲或板质松软不挺拔、无法竖立，则说明板材的胶层结构不稳定，为劣质板材。

装饰材料运用

1 柚木饰面板

2 木质百叶

3 壁纸

4 皮革软包

材料运用说明： 木质护墙板与装饰线的运用彰显了美式田园风格空间的古朴与自然。

材料运用说明： 在采光好的空间内，选用大面积的深色木饰面板作为墙面装饰，可以有效缓解因强光反射形成的光污染。

装饰材料运用

1 胡桃木饰面板

2 陶瓷锦砖

木饰面板速查档案

材质分类	特 点	应 用
榉木饰面板	可分为红榉和白榉两种，表面纹理细而直并带有均匀点状。木质坚硬，强韧，耐磨、耐腐、耐冲击，干燥后不易翘裂，透明漆涂装效果颇佳	用于墙面、装饰柱面、家具饰面板以及门窗护套
枫木饰面板	枫木的花纹呈明显的水波纹，或呈细条纹。表面呈乳白色，色泽淡雅均匀，硬度较高，涨缩率高，强度低	用于实木地板以及家具饰面板
柚木饰面板	柚木具有质地坚硬、细密耐久、耐磨、耐腐蚀、不易变形等特点，其涨缩率是木材中最小的	用于家具饰面板以及墙面的装饰
胡桃木饰面板	胡桃木是颜色纹理变化最为丰富的木材，其颜色可由淡灰棕色到紫棕色，纹理粗而富有变化	适用于家具饰面板以及墙面的装饰
水曲柳木饰面板	水曲柳的纹理可分为山纹和直纹两种，颜色黄中泛白，纹理清晰，结构细腻，具有涨缩率很小、耐磨、抗冲击性好的特点。如将水曲柳木施以仿古漆，其装饰效果不亚于樱桃木等高档木种，并且别有一番自然的韵味	用于墙面及家具的装饰
樱桃木饰面板	樱桃木的颜色古朴，由深红色至淡红棕色，其纹理通直、细腻、清晰、抛光性好。同时樱桃木的弯曲性能好、硬度低、强度适中，耐冲击力及负载力特别好	用于墙面护墙板、门板及家具饰面板的装饰
橡木饰面板	橡木由于产地不同，因此在颜色上可分为白橡木、黄橡木与红橡木三种。橡木的纹理清晰、鲜明，柔韧度与强度适中	用于家居装饰中护墙板及家具的饰面板装饰

No.6 细木工板

细木工板俗称大芯板、木芯板或木工板，是在两片单板中间胶压拼接木板而成。细木工板与刨花板和中密度纤维板相比更加环保，是室内装修和高档家具制作的较理想材料。

稳定性好，应用广泛

1. 细木工板具有握钉力好、强度高、吸声、绝热等特点，其含水率为10%~13%，在普通家居装修中的用途比较广泛。

2. 细木工板的稳定性强，但是不具备防潮功能，因此应尽量避免应用于厨卫的装饰。

材料运用说明：原木色饰面板为灰白色调的客厅空间带来了暖意，同时也将客厅与书房两个空间有效地划分。

装饰材料运用

1 木饰面板
2 乳胶漆

细木工板的挑选

　　细木工板质量差异很大，在选购时要认真检查。首先看芯材质地是否密实，有无明显缝隙及腐朽变质的木条；再看周围有无补胶、补腻子的现象，这一般是为了弥补内部的裂痕或空洞所致；再就是用尖嘴器具敲击板材表面，听一下敲击同一木板不同部位的声音是否有很大差异，如果声音有变化，说明板材内部存在空洞。这些现象会使板材整体承重力减弱，长期的受力不均匀会使板材结构发生扭曲、变形，影响外观及使用效果。

材料运用说明：用细木工板打造出书房墙面的搁板造型，让整个墙面设计更丰富。

材料运用说明：木搁板与书桌选用统一材料进行装饰，体现了空间设计的整体感。

细木工板速查档案

	特点及应用	尺寸规格	参考价格
	自身重量较轻，易加工，握钉力好，不易变形，可用于墙面造型以及家具、门窗的基层制作	长2440mm、宽1220mm，厚度有15mm、17mm、18mm	150~320元/张

　　　　　　　　　　　　　　　　　　　• 本书列出价格仅供参考，实际售价请以市场现价为准

No.7　美耐板

美耐板是以含浸过的进口装饰纸与牛皮纸层层排叠，再经高温高压压制而成。具有耐高温高压、耐刮、防火等特性，是相当耐用的表面装饰材料。

美耐板的优点

美耐板应用广泛，从客厅、卧室到厨房、卫浴间等空间的柜体、墙面及台面都能使用美耐板作为装饰。此外，美耐板的可选花色很多，常见的有木纹、金属、石材等，而且有各种颜色。美耐板粘贴后不必上漆，具有耐磨、耐刮、防火、易清洁等特点，是经济又实惠的表面装饰材料。

材料运用说明： 实用的白色木质搁板，造型简洁，与刷满蓝色乳胶漆的墙面相结合，营造出一个淡雅舒适的睡眠空间。

装饰材料运用

1 木质搁板

2 乳胶漆

3 装饰画

装饰材料运用

1 木质搁板

2 乳胶漆

材料运用说明：木色饰面板装饰的护墙板与搁板让整个书房空间的设计更有整体感，搭配深色地板与白色墙面，展现出北欧风格的简洁。

材料运用说明：米色条纹壁纸搭配造型独特的美耐板装饰造型，彰显了现代风格空间的个性与品位。

装饰材料运用

1 条纹壁纸

2 白色美耐板

3 装饰画

美耐板速查档案

	特 点	材 质	参考价格
	可选花色多、纹理自然，具有一定的耐刮、防潮性能；价格经济实惠	牛皮纸	120元/m²

• 本书列出价格仅供参考，实际售价请以市场现价为准

No.8 人造石

人造石是以天然石粉为原材料，再加入树脂制成。与天然石材相比，既保留了石材的朴质触感与硬度，同时表面没有细孔，具有耐脏易保养的特点。市场上常见的人造石有人造石英石、人造大理石、人造花岗石等。

性能优越，装饰效果一致

人造石有耐磨、耐酸、耐高温等特点。因为表面没有孔隙，油污、水渍不易渗入其中，因此抗污力强。此外，人造石的纹路虽然不像天然石材的纹路自然，但是可加工性强，无论是颜色还是纹路，都可以达到视觉上较一致的效果。

材料运用说明：色泽温润的人造石台面弱化了石材给空间带来的冷意，再与暖色调灯光相搭配，可以使整个休闲空间显得更有情调。

装饰材料运用
1 人造石台面
2 乳胶漆

材料运用说明：将电视背景墙设计成简易的壁炉造型，成为墙面装饰的亮点。

装饰材料运用
1 米色人造石
2 红砖
3 红樱桃木饰面板
4 装饰画

材料运用说明: 双色人造石地砖斜铺于地面,规律的排列让空间很有整体感,也彰显了新古典风格的精致。

装饰材料运用

1 双色人造石地砖
2 印花壁纸
3 装饰画

人造石速查档案

材质分类		特　点	应　用	参考价格
中颗粒人造石		表面颗粒大小适中,光滑平整,硬度与天然石材相当,价格适中,应用广泛	可用于墙面、台面以及地面装饰	250元/片
细颗粒人造石		表面颗粒比中颗粒细一些,带有仿石材的精美花纹,价格比较高	可用于墙面、地面以及台面装饰	250元/片
极细颗粒人造石		表面没有明显的装饰纹路,其中蕴含的颗粒非常细小,层次感较弱,装饰效果十分简洁	可用于门、窗的护套、墙面、台面以及地面装饰	250元/片
天然颗粒人造石		含有贝壳、石子等天然物质,具有独特的装饰效果,产量少、价格高	可用于墙面、台面的装饰	250元/片

• 本书列出价格仅供参考,实际售价请以市场现价为准

No.9 锦砖

锦砖又称马赛克,属于瓷砖的一种,一般由数十块小块的砖组成。它以小巧玲珑、色彩斑斓的特点被广泛应用于地面、墙面的装饰。锦砖由于体积较小,可以做一些拼图,产生很强的装饰效果。

锦砖的常见规格

锦砖品种花色五花八门,不一而同。是将各种不同规格的数块小瓷砖粘贴在牛皮纸或专用的尼龙丝网上,拼接而成。单块规格一般为25mm×25mm、45mm×45mm、100mm×100mm、45mm×95mm或圆形、六角形等形状的小砖组合而成,单联的规格一般有285mm×285mm、300mm×300mm或318mm×318mm等。

材料运用说明:黑白两色锦砖的运用让整个玄关更具现代感,与镂空多宝阁一起丰富了空间内的变化。

材料运用说明:墙面采用贝壳锦砖装饰,在白色灯带的衬托下,成为整个卫浴间墙面设计的亮点。

锦砖的选购

在挑选锦砖时，可以用两手捏住锦砖联一边的两角，使其直立，然后放平，反复三次，以不掉砖为合格品，或取锦砖联，先卷曲，然后伸平，反复三次，以不掉砖为合格品。另外还可从声音上进行鉴别，用一铁棒敲击产品，如果声音清脆，则没有缺陷；如果声音浑浊、暗哑，则是不合格产品。

材料运用说明：墙面与台面的一体式设计，一方面使空间更加规整，另一方面也使色彩设计更加丰富。

装饰材料运用
1 彩色陶瓷锦砖
2 防水乳胶漆

锦砖速查档案

材质分类	特 点	应 用	参考价格
贝壳锦砖	表面晶莹，色彩斑斓，色泽多样，天然环保，无辐射污染，吸水率低，更加耐用	由于价格比较高，通常被小面积运用于室内墙面装饰或家具表面装饰	天然贝壳：4500元/m² 人工养殖贝壳：500~700元/m²
陶瓷锦砖	色彩、款式繁多	可用于墙面、地面、台面等装饰	80~500元/m²
玻璃锦砖	健康环保，耐酸碱、耐腐蚀、不褪色，装饰效果极佳	多被用于卫浴间、厨房等潮湿的空间内	80~500元/m²

• 本书列出价格仅供参考，实际售价请以市场现价为准

No.10　金属砖

金属砖是将坯体表面施加金属釉后经过高温烧制而成的，耐磨性好，颜色稳定。冷冽的金属色十分适合营造现代家居空间，是一种质轻、防火、环保的装饰材料。在家庭装修中最常用的是仿铁、仿铜、仿铝三种仿金属色泽的磁砖。

突显现代风格的高贵感

金属砖的原料是铝塑板、不锈钢等含有大量金属的材料，可呈现出拉丝及亮面两种不同的金属效果。金属砖较适用于现代风格空间，其冷冽的色感很能彰显出现代风格的高贵感。另外，金属砖拼接款式多样，不仅有单纯的金属砖拼接，还可以与其他材料拼接出个性、独特的装饰效果。

材料运用说明： 卫浴间墙面采用深色调的金属砖作为装饰，冷冽的质感突显了现代风格的时尚感。

装饰材料运用
1 灰色金属砖
2 钢化玻璃

金属砖的选购

在挑选金属砖时，首先应观察金属砖的釉面是否均匀，光泽釉应晶莹亮泽，无光釉则应柔和。如果表面有颗粒并颜色深浅不一、厚薄不匀甚至凹凸不平，呈云絮状，则为下品。其次可将几块金属砖拼放在一起，在光线下仔细察看，好的产品色差很小，产品之间色调基本一致。而差的产品色差较大，产品之间色调深浅不一。最后检测金属砖的硬度，可试敲金属砖表面，声音越清脆其硬度越高、越耐磨。

材料运用说明： 金色调的金属砖在色彩上弱化了冷材质的质感，与浅色调的空间配色相搭配，营造出一个舒适的空间氛围。

金属砖速查档案

材质分类	特　点	材　质	参考价格
仿锈金属砖	表面仿金属生锈效果，有仿铜锈或铁锈两种	彩色釉面砖，仿金属花纹	700元/m²
不锈钢金属砖	有金属的天然质感与光泽度，有光面与拉丝两种，可做家具装饰中的点缀使用	不锈钢、铝塑板等金属材料加工制成	根据材料与工艺不同，100~3000元/m²
花纹金属砖	砖体表面有各种立体感的纹理，常见颜色有香槟色、银色与金色	彩色釉面砖，仿金属花纹	1000元/m²

• 本书列出价格仅供参考，实际售价请以市场现价为准

文化石

文化石是以水泥掺砂石等材料灌入模具中制造而成的人造石材，其色泽纹理可媲美天然石材的自然风貌，是营造室内外空间特色的常用装饰材料。

质轻，装饰效果好

相比天然石材，文化石的重量很轻，只有天然石材的1/3甚至1/2，并且价格较低，花色均匀，形态多变。例如砖石、木纹石、鹅卵石、风化石、层岩石等，适合各种居室风格，能够完美打造出自然感，室内室外都可使用。

材料运用说明：墙面采用文化石做出壁炉的造型，粗犷的材质与造型彰显出美式风格的古朴感。

装饰材料运用
1 文化石
2 红樱桃木饰面板

装饰材料运用

1 文化石

2 木质搁板

3 壁纸

材料运用说明：运用文化石的粗犷纹理搭配木质搁板，有效丰富了空间墙面设计的造型。

文化石对风格的塑造

　　文化石给人自然、粗犷的感觉，外观种类很多。通常在乡村风格家居中对文化石的运用较多。常被用于电视墙或沙发墙的装饰，颜色多以红色系、黄色系为主，图案则多为木纹石、乱片石、层岩石最为普遍。在现代风格居室中则多以黑白装饰的鹅卵石居多。

材料运用说明： 鹅卵石贴片装饰的墙面造型更有立体感，也是工业风格中最常见的装饰手法。

装饰材料运用
1 鹅卵石贴片

文化石速查档案

材质分类	特　　点	应　　用	参考价格
城堡石	表面颜色深浅不一，多为棕色、灰色，通常以大小不一或不规则形状排列	多用于主题墙壁的装饰	300元/m²
层岩石	仿造层岩堆积的石片感，颜色有灰色、棕色、米白、灰白等，是最常见的一种文化石	多用于主题墙壁的装饰	300元/m²
仿砖石	仿造砖头的质感与形状，多以不同色彩进行拼贴装饰，以红、橘、土黄、暗红、青灰等颜色居多	多用于乡村田园风格的壁炉装饰或主题墙面的装饰	160元/m²
木纹石	表面仿木纹图样，如树皮或年轮图样，凹凸的表面立体感强，有棕色、灰色或藕色可选	只用于外墙或地面的装饰	350元/m²
鹅卵石片	表面有平滑与粗糙两种，形状多以大小不一的椭圆形居多，有棕色、黑色、白色、米色等多种颜色可选	可作为主题墙面的拼贴装饰，也可摆放在地面的某个角落作为饰品	140元/m²

• 本书列出价格仅供参考，实际售价请以市场现价为准

洞石

洞石是一种天然石材, 由于表面多孔而得名。洞石的色调以米黄色居多, 能使人感到温和, 质感丰富, 条纹清晰, 能够营造出强烈的文化感和历史韵味。

自然原始的装饰效果

洞石的纹理清晰展现出温和丰富的质感, 源自天然, 却超越天然。表面经过处理后疏密有致、凹凸和谐, 有毛面、光面和复古面等不同款式。洞石的颜色有米白色、咖啡色、米黄色与红色等。此外, 每一片洞石都可以依设计来进行大小或形状的切割, 同时还可以根据纹路进行拼贴, 例如对纹或不对纹的方式, 都能营造出不一样的装饰效果。

装饰材料运用

1 洞石

2 黑色镜面玻璃

材料运用说明: 洞石的温软质感有效地弱化了镜面玻璃带来的冷冽感, 营造出一个简洁大气的现代风格空间。

洞石的日常维护

　　由于洞石的表面带有凹凸的洞孔，所以容易出现卡尘的现象，在日常维护中，切记不要用清洁剂进行清洗，以免清洁剂中的化学成分对天然石材造成伤害。只需要用抹布蘸少量清水擦拭即可，对于洞孔中的灰尘，可以用吸尘器将其吸出，或者使用刷子蘸清水刷一刷即可。

装饰材料运用

1 洞石

2 胡桃木饰面板

材料运用说明： 灰色洞石饰面的装饰壁炉，使墙面设计富于变化，给空间带来时尚的气息。

材料运用说明： 天然洞石具有温润的色泽与清晰的纹理，是丰富墙面设计的不错选择。

装饰材料运用

1 洞石

2 装饰银镜

3 大理石

洞石速查档案

	特点及应用	材　质	参考价格
	表面带有凹凸的天然洞孔，装饰效果自然淳朴，多用于电视墙、沙发墙等居室主题墙的装饰	天然石材	300~600元/m²

• 本书列出价格仅供参考，实际售价请以市场现价为准

No.13 高量釉砖

高量釉砖，顾名思义是在磁砖的表层添加了高量的釉料，使其表面更加光滑，拥有如同壁纸一般的装饰质感。由于表面特别光滑，故不具备防滑效果，只适合作为墙面的装饰使用。

材料运用说明：墙体饰面砖拥有清晰的纹理与浓郁的彩色，成为整个空间墙面设计的焦点，彰显了现代风格简洁、大气的特点。

装饰材料运用

1 高量釉砖

2 装饰银镜

3 木饰面板

堪比壁纸的装饰质感

高量釉砖的表面细腻，色泽饱满，表层纹理细致，可以拼凑在一起，形成完整的装饰图案，大大增强了整个空间的整体性，装饰效果堪比壁纸，同时又具有防潮、防水、易清洗等壁纸不具备的优点。

高量釉砖的选购

在挑选高量釉砖时，除了要挑选自己喜爱的花色之外，还要留意砖体的耐磨度与抗酸碱性能。可使用锐利的物品在高量釉砖上刮磨几次，以此来检测高量釉砖的耐磨程度；抗酸碱性能可以通过产品的等级鉴定文件来证明。

装饰材料运用

1 高量釉砖

2 黑胡桃木垭口

材料运用说明： 高量釉砖光滑的表面、细腻的色彩为空间注入了一丝时尚感。

高量釉砖速查档案

样式分类	特 点	应 用	参考价格
古典纹样	磁砖表面纹理以传统装饰图案为主，如大马士革花纹、巴洛克式等图样	多用于传统古典风格居室墙面装饰	国产：500元/m²，进口：2500元/m²
现代纹样	表面光滑细腻，纹样以现代风格的藤蔓或花卉为主	适用于颇具浪漫气息的空间	国产：500元/m²，进口：2500元/m²
定制纹样	可根据自己的喜好进行定制，如：水墨画、山水图等	多用于电视、沙发等居室内主题墙的装饰	定制产品价格较高，可根据实际情况议价

• 本书列出价格仅供参考，实际售价请以市场现价为准

No.14 乳胶漆

乳胶漆又称合成树脂乳液涂料，是家居装修中最常用的建材之一，是以合成树脂乳液为基料加入颜料及各种助剂配制而成的水性涂料。可根据使用环境的不同分为内墙乳胶漆和外墙乳胶漆，也可根据装饰的光泽效果分为无光、亚光、半光、丝光和有光等类型。

材料运用说明：白色乳胶漆墙面让面积较小的空间显得十分轻快，不会太过压抑或紧凑。

装饰材料运用

1 白色乳胶漆

2 木质搁板

3 强化木地板

乳胶漆的基本性能

较好的覆遮性和遮蔽性是高质量乳胶漆的组成要素，装饰效果好，施工方便，用量更省；附着力良好的乳胶漆，可以避免出现裂缝和瑕疵等现象；乳胶漆的易清洗性确保了光泽和色彩的保持。此外，实用性好的乳胶漆在操作过程中不会引起气泡四处流溢、飞溅等状况。弹性乳胶漆具有优异的防水功能，防止水渗透墙壁、损坏水泥，从而保护墙壁，并具抗菌功能。

乳胶漆的选用

在进行墙面粉刷时，应根据不同房间的功能来选择相应功能特点的乳胶漆。例如卫浴间或其他潮湿的空间，最好选择耐霉菌性较好的乳胶漆；而厨房则应选择耐污渍及耐擦洗性较好的乳胶漆。选择具有一定弹性的乳胶漆，对弥盖裂纹、保持墙面的装饰效果有利。

装饰材料运用
1 彩色乳胶漆
2 白色护墙板
3 强化木地板

乳胶漆的验收标准

涂料本身是半成品，想要达到最完美的效果，除了涂料本身的质量以外，施工也起到关键的作用。首先，乳胶漆涂刷使用的材料品种、颜色要符合设计要求。其次，涂刷面要颜色一致，不允许有透底、漏刷等质量缺陷。如果使用喷枪喷涂时，喷点应疏密均匀，不允许有连皮、流坠等现象。最后，手触摸漆膜应光滑、不掉粉，门窗及灯具、家具等洁净，无涂料痕迹。

材料运用说明：两种纯色乳胶漆的运用让空间具有一定的稳重感，不会因为色调的单一而显得单调、乏味。

装饰材料运用
1 彩色乳胶漆
2 实木地板

涂刷面积的测算

在涂刷涂料前，有必要对涂刷面积进行一番测算，以免造成不必要的浪费。例如，在一个标准的方形房间里，除了四个面需要涂刷外，它还多出了一个房顶，所以就需要刷五面，而在这五面里又或多或少地有门和窗，所以需要减去门和窗的面积，即: (长×宽+长×高×2+宽×高×2-门窗面积)，经简化得: (长×宽+周长×高-门窗面积)。一般情况下，通过以上方法算出的结果都为占地面积的3.5倍左右，所以在实际使用中可用(长×宽×3.5)来估算内墙的涂刷面积。

装饰材料运用

1 灰白色美耐板

2 素色乳胶漆

材料运用说明: 墙面的素色乳胶漆使整个空间的氛围更加安静，更有利于睡眠。

装饰材料运用

1 亚光乳胶漆

2 木质踢脚线

3 强化木地板

乳胶漆速查档案

乳胶漆	特　点	应　用	参考价格
	色彩多样、环保，具有较高的遮盖力及良好的耐洗刷性，安全环保，施工方便	适用于普通家装或工装墙面、顶面装饰	国产: 500元/桶，进口: 2500元/桶

• 本书列出价格仅供参考，实际售价请以市场现价为准

No.15 艺术涂料

艺术涂料是一种新型的墙面装饰材料,最早起源于欧洲。艺术涂料不仅环保无毒,同时还具备防水、防尘、阻燃等特点。优质的艺术涂料可洗刷,色彩历久弥新,故受消费者推崇。

与传统涂料的区别

艺术涂料与传统涂料最大的区别在于,传统涂料大都是单色乳胶漆,所营造出来的效果相对单一;而艺术涂料即使只用一种涂料,由于其涂刷次数及加工工艺的不同,也可以达到不同的效果。

效果自然,使用寿命长

艺术涂料的效果自然、贴合,使用寿命长,可以说是艺术涂料最大的优点。艺术涂料涂刷在墙上,就像腻子一样,完全与墙面融合在一起。另外,与其他饰面材料相比,艺术涂料不会有变黄、褪色、开裂、起泡、发霉等现象的出现。

装饰材料运用

1 艺术涂料

2 升降百叶窗

材料运用说明: 采用艺术涂料来装饰床头墙面,不仅服帖,而且具有很强的肌理效果,让空间更加雅致而不失质感。

艺术涂料速查档案

样式分类	特 点	应 用
真石漆系列	具有天然大理石的质感、光泽和纹理,逼真度可与天然大理石相媲美	适用于门套、家具等线条的饰面装饰或立柱的饰面装饰
板岩漆系列	具有板岩石的质感,可任意创作艺术造型。通过艺术施工的手法,呈现各类自然岩石的装饰效果,具有天然石材的表现力,同时又具有保温、降噪的特性	适用于室内墙面或主题墙的装饰
浮雕漆系列	具有仿真浮雕效果,涂层坚硬,黏结性强,阻燃、隔声、防霉、艺术感强	适用于主题墙面的点缀装饰
幻影漆系列	漆膜细腻平滑,质感如锦似缎,错落有致,高雅自然	适用于室内墙面或主题墙的装饰
肌理漆系列	肌理漆系列有一定的肌理性,纹路自然、随意,适合不同场合的要求,可配合设计做出特殊造型与花纹、花色	适用于室内主题墙、吊顶、立柱的装饰
金属漆系列	具有金箔闪闪发光的效果,给人一种金碧辉煌的感觉。高贵典雅,施工方便,物美价廉,装饰性极强	适用于室内墙面、吊顶的点缀装饰
裂纹漆系列	裂纹漆裂纹变化多端,错落有致,具有艺术立体美感	适用于室内墙面或主题墙的装饰
砂石漆系列	具有天然石材的质感,耐腐蚀、易清洗、防水、纹理清晰流畅,表现力丰富,立体感强,柔韧性、可塑性极强	适用于室内墙面或主题墙的装饰
纹理漆系列	纹理自然,风格各异,色彩多变,漆膜细腻平滑	墙面、吊顶、石膏板及木间隔的装饰

No.16 仿岩涂料

仿岩涂料是一种水性环保涂料，表面有颗粒，类似于天然石材，相比磁砖和石砖，仿岩涂料更加经济实惠，能够营造出古朴、原始的自然风情。仿岩涂料主要有厚浆型涂料、仿花岗石涂料与撒哈拉系列涂料。由于涂料的成分不同，涂出的表面颗粒大小也不同。

仿岩涂料的等级选择

由于仿岩涂料面漆的成分不同，其耐久性也不同。通常来讲，亚克力面漆的耐久性为3~5年，聚氨酯面漆的耐久性为5~7年，氟树脂耐久性为10~15年。通常来讲南方地区宜选用聚氨酯以上等级的涂料。若选用耐久性差的涂料，每过几年就需要更新一次，反而增加成本。

材料运用说明： 工业风格空间内选用仿岩涂料来装饰卧室墙面，让整个空间粗犷又富有肌理效果。

装饰材料运用

1 灰色仿岩涂料

2 钢化玻璃

3 强化木地板

材料运用说明: 白色仿岩涂料的粗犷感展现出工业风格的艺术感与设计精髓。

装饰材料运用

1 白色仿岩涂料

2 硅藻泥

3 强化木地板

仿岩涂料速查档案

样式分类	特 点	应 用	参考价格
厚浆型涂料	厚浆型涂料的主要成分是亚克力树脂,也被称为仿岩石厚质涂料	可用于室内外墙面装饰	50元/m²
仿花岗石涂料	仿花岗石涂料是将天然的花岗石磨成粉末,经过高温加工,然后和亚克力树脂混合而成,其稳定性更好,同时具有不易褪色的优点	可用于室内外墙面装饰	60元/m²
撒哈拉系列涂料	撒哈拉系列涂料的主要成分为矽利康,可以营造出沙漠般质感的墙面,涂料的材质细腻,品质很好,相比其他两种涂料更加耐用	可用于室内墙面装饰	60元/m²

• 本书列出价格仅供参考,实际售价请以市场现价为准

No.17 硅藻泥

硅藻泥是以硅藻土为主要原材料的装饰材料,选用无机颜料调色,色彩柔和、不易褪色,同时具有消除甲醛、净化空气、调节湿度、释放负氧离子、防火阻燃、杀菌除臭等功效。因此,硅藻泥不仅有良好的装饰性,同时还具有十分强大的功能性。

装饰性与功能性兼备

硅藻泥健康环保,具有丰富的肌理图案和色彩,装饰效果很好,是可以替代壁纸和乳胶漆的新型装饰材料。

硅藻泥独特的分子筛结构,具有极强的吸附性和离子交换功能,可以有效去除空气中的游离甲醛、笨、氨等有害物质,同时还可以净化空气。此外,分子筛结构在接触到空气中的水分后会产生瀑布效应,释放出对人体有益的负氧离子。

装饰材料运用

1 米色硅藻泥

2 木质搁板

3 木质踢脚线

材料运用说明： 米色硅藻泥装饰出墙面的立体感,温和的色调也使用餐环境更加温馨、舒适。

可DIY的装饰材料

硅藻泥分为液状和浆状涂料两种，液状硅藻泥与常见的水性漆无异，可以按照自己的喜好和居室的风格特点进行DIY创意。

硅藻泥速查档案

分类		特　点	吸放湿量	参考价格
稻草硅藻泥		颗粒最大，添有稻草，带有很强的自然气息	较高，81g	350元/m²
防水硅藻泥		颗粒中等，具备防水功能，室内室外均可使用	中等，75g	300元/m²
元素硅藻泥		颗粒较大	较高，81g	320元/m²
膏状硅藻泥		细腻，颗粒较小	较低，72g	300元/m²
金粉硅藻泥		颗粒较大，添加金粉，装饰效果奢华	较高，81g	550元/m²

• 本书列出价格仅供参考，实际售价请以市场现价为准

No.18 木器漆

木器漆是用于木制品上的一类树脂漆,有聚酯漆、聚氨酯漆等,可分为水性木器漆和油性木器漆。按光泽可分为高光、半亚光、亚光;按用途可分为家具漆、地板漆等。

装饰材料运用

1 木饰面板

2 白色乳胶漆

材料运用说明: 高光木器漆运用于墙面护墙板,为温暖的空间氛围增添了一丝时尚感。

材料运用说明: 整个书房空间家具选用亚光漆面,彰显了古典风的质感与朴素情怀。

装饰材料运用

1 木饰面板

2 彩色乳胶漆

3 仿古砖

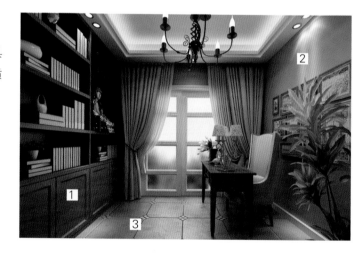

木器漆的作用

1. 使木质材料表面更加光滑。

2. 避免木质材料直接被硬物刮伤、划痕。

3. 木器漆可以有效防止水分渗入到木材内部造成腐烂。

4. 木器漆还可以有效防止阳光直晒木质家具造成干裂。

木器漆的选购

1. 从材质上选择。水性漆最环保，施工简单方便，且不会加深木器的颜色，其中尤以聚氨酯水性漆性能最优。

2. 从光泽上选择。使用高光木器漆的家具，线条感冷硬，现代感较强，视觉上也会更亮堂、热烈一些；使用亚光木器漆则感觉更为柔和软暖、气质古典而内敛，居住空间更为雅静或休闲。

3. 从色彩上选择。色漆主要用作调和漆，其遮盖能力好、装饰性强，可以让木家具焕发缤纷色彩，在欧式或现代风格家居中较多使用；而清漆则可以呈现色漆遮盖掉的木材纹理，更显得原汁原味。

装饰材料运用

1 实木顶角线

2 纸面石膏板

3 红樱桃木护墙板

4 实木地板

装饰材料运用

1 实木顶角线

2 纸面石膏板

3 白色护墙板

4 米色乳胶漆

木器漆速查档案

	硝基清漆	聚酯漆	聚氨酯漆
	属挥发性油漆，具有干燥快、漆膜坚硬、耐磨等优点，而且木纹清晰、光泽柔和；缺点是高湿天气易泛白，丰满度低、硬度低	干燥快、硬度高、耐水、耐磨蚀；缺点是较脆，易泛黄，含有TDI（甲苯二异氰酸酯）	漆膜强韧，光泽丰满，附着力强，耐水、耐磨、耐腐蚀；缺点是遇潮起泡，与聚酯漆一样，存在变黄的问题

No.19 烤漆玻璃

烤漆玻璃是一种极富表现力的装饰玻璃品种，可以通过喷涂、滚涂、丝网印刷或者淋涂等方式来体现。

装饰材料运用

1 黑色烤漆玻璃

2 壁纸

装饰材料运用

1 黑色烤漆玻璃

2 纯毛地毯

材料运用说明：黑色烤漆玻璃装饰的墙面流露出十足的现代感。

不同工艺的烤漆玻璃特点

烤漆玻璃根据不同的制作方法，可分为油漆喷涂玻璃和彩色釉面玻璃两种。油漆喷涂玻璃色彩艳丽，多为单色，适用于室内装饰；彩色釉面玻璃又分为低温彩色釉面玻璃和高温彩色釉面玻璃两种，其中低温彩色釉面玻璃的附着力相对较差，容易出现划伤、掉色的现象。

材料运用说明: 墙面黑色烤漆玻璃的运用,使整个墙面设计更有层次,更富现代感。

装饰材料运用

1 黑色烤漆玻璃

2 皮革硬包

3 木饰面板混油

烤漆玻璃速查档案

样式分类	特　点	应　用	参考价格
实色烤漆玻璃	色彩丰富,根据潘通色卡或劳尔色卡上的颜色任意调配	用于现代风格居室中墙面、顶面、家具饰面	200元/m²
金属系列烤漆玻璃	具有金色、银色、铜色及其他金属颜色效果	可用于不同风格居室中墙面、顶面、家具饰面	300元/m²
DIY系列烤漆玻璃	可根据自我喜好、需求定制出不同风格的装饰图案	多用于现代风格居室中墙面、顶面、家具饰面	可根据定制图案进行议价

• 本书列出价格仅供参考,实际售价请以市场现价为准

No.20 彩绘玻璃

彩绘玻璃是目前家居装修中运用较多的一种装饰玻璃。彩绘玻璃图案丰富亮丽,能较自如地创造出一种赏心悦目的和谐空间,增添浪漫迷人的现代情调。

装饰材料运用

1 彩绘玻璃

2 纯毛地毯

材料运用说明: 花色清淡的彩绘玻璃给古典主义风格空间增添了一丝清透的感觉。

装饰材料运用

1 彩绘玻璃

2 壁纸

彩绘玻璃的分类

现今市场上的彩绘玻璃主要有两种。一种是经过现代数码科技将胶片或PP纸上的彩色图案与平板玻璃黏合而成,图案色彩丰富,同时还有强化、防爆等功能,被广泛用于家居推拉门的装饰。

还有一种比较传统的工艺是纯手绘彩绘玻璃,是用毛笔或者其他绘画工具,按照设计的图纸或效果图描绘在玻璃上,再经3~5次高温或低温烧制而成。

材料运用说明: 木纹彩绘玻璃的运用让整个空间更摩登、更时尚,也彰显了现代欧式风格空间的精致。

装饰材料运用

1 彩绘玻璃

2 皮革硬包

3 灰镜装饰线

彩绘玻璃速查档案

样式分类	特 点	应 用	参考价格
现代手绘玻璃	图案、色彩多元化,价格便宜;缺点是容易掉色,保持时间不长久	通常应用于现代风格家居中家具饰面或推拉门	根据成品的大小、厚度、图案等议价
传统手绘玻璃	图案永不掉色,不怕酸碱的腐蚀,并易于清洁	多用于墙面间隔的装饰	根据成品的大小、厚度、图案等议价

No.21 钢化玻璃

钢化玻璃属于安全玻璃，它是一种预应力玻璃。为提高玻璃的强度，通常使用化学或物理的方法来提高其承载能力，增强玻璃自身的抗风压性、寒暑性及冲击性。

装饰材料运用

1 钢化玻璃

2 大理石

安全稳定的现代装饰材料

钢化玻璃的高安全性能，使其成为现代风格家居装饰中最常用到的装饰材料之一。当玻璃受外力破坏时，会形成类似蜂窝状的钝角碎小颗粒，不易对人体造成严重的伤害。钢化玻璃的抗冲击强度和抗弯强度是普通玻璃的3~5倍。此外，钢化玻璃具有良好的热稳定性，能承受的温差是普通玻璃的3倍，可承受300℃的温差变化。

装饰材料运用

1 钢化玻璃

2 大理石

3 纯毛地毯

材料运用说明：运用钢化玻璃作为楼梯间隔，很好地增强了空间的通透感，使整个空间更加简洁、大方。

装饰材料运用

1 钢化玻璃

2 高量釉砖

材料运用说明： 钢化玻璃淋浴房保证了卫浴间的干湿分区，也让空间更有通透感。

装饰材料运用

1 黑色钢化玻璃

2 实木复合地板

材料运用说明： 开放式的衣帽间运用黑色钢化玻璃作为间隔，既保证了空间划分，又为空间提供了一定的私密性。

钢化玻璃速查档案

钢化玻璃	特点及应用	尺寸规格	参考价格
	安全性高，装饰效果通透、明亮；多应用于现代风格家居中墙面间隔、楼梯扶手、家具等处	厚度有8mm、11mm、12mm、15mm、19mm等	150元/m²

• 本书列出价格仅供参考，实际售价请以市场现价为准

No.22 玻璃砖

玻璃砖是用透明或彩色玻璃料压制而成块状或空心盒状, 体形较大的玻璃制品。品种主要有玻璃空心砖、玻璃实心砖。由于玻璃制品所具有的特性, 多用于采光及防水功能的区域。

玻璃砖的用途

在普通家居装饰中, 玻璃砖常被用作隔墙的装饰, 既能有效地分隔空间, 同时又能保证大空间的完整性, 起到遮挡效果, 保证室内的通透感。另外, 玻璃砖也可以用于墙体的装饰, 将小面积的玻璃砖点缀在墙面上, 可以为墙体设计增色, 同时有效地弱化墙体的厚重感。

材料运用说明: 彩色玻璃砖的间隔功能让空间的划分更加明确, 为空间注入一丝清新的气息。

装饰材料运用

1 大理石

2 白色石膏线

3 玻璃砖

玻璃砖的选购

　　由于产地不同，玻璃砖的品质也不尽相同，在选购时可以通过观察玻璃砖的纹路和色彩进行辨别。通常意大利、德国出产的玻璃砖表面细腻并带有淡淡的绿色；而印度尼西亚、捷克出产的玻璃砖则比较苍白。在选购玻璃砖时还要注意观察砖体外表是否有裂纹、砖体内是否有未熔物、砖体之间的熔接是否完好等问题。

材料运用说明：色彩斑斓的玻璃砖立柱让现代风格空间多了几分时尚、摩登的感觉。

装饰材料运用

1 玻璃砖立柱

2 壁纸

3 装饰银镜

玻璃砖速查档案

样式分类		特　点	应　用	参考价格
无色玻璃砖		砖体有透明状和半透明状，透光性能好、隔声、防水、隔热	比较适用于现代风格居室中墙体、屏风、隔断的装饰	30元/块（国产）
彩色玻璃砖		砖体颜色丰富，有透明状和半透明状，具有隔声、防水、隔热、节能环保等优点	适用于田园风格或混搭风格空间中墙体、屏风、隔断的装饰	50元/块（进口）

• 本书列出价格仅供参考，实际售价请以市场现价为准

镜片

镜片最适用于现代风格的空间，不同颜色的镜片能够营造出不同的韵味，打造出或温馨、或时尚、或个性的空间氛围。当室内空间较小时，利用镜片进行装饰不仅可以将梁柱等部件隐藏起来，而且从视觉上可以延伸空间感，使空间看上去更加宽敞。

装饰材料运用

1 装饰银镜

2 木质踢脚线

3 木纹玻化砖

镜片的恰当运用

可用于居家装饰的镜片有很多种，但无论是哪一种镜片，在同一空间内都不适合大面积使用，因为大面积的镜片会产生强烈的反射效果，使人感到混乱。无色镜片应尽量作为点缀使用，而有色镜片则可以选择与不同材料进行搭配使用，从而起到强化空间风格、丰富空间设计的作用。例如：白色的墙面搭配黑色镜片，颜色与材料的双重对比，不仅可以彰显现代风格的质感，同时又能增强空间搭配的平衡感。

装饰材料运用

1 装饰银镜

2 纯毛地毯

材料运用说明：用餐空间的顶面采用镜片作为装饰，拉伸了空间的视觉感，也注入了无限的时尚感。

装饰材料运用

1 木饰面板

2 大理石

3 茶色镜片

材料运用说明： 茶色镜片的运用使现代风格空间增添了一份雅致，营造出一个坚实、沉稳的空间氛围。

镜片速查档案

样式分类	特　点	应　用	参考价格
黑色镜片	有平面黑镜和车边黑镜两种，相比平面黑镜，车边黑镜的立体感更强，不易大面积使用	用于现代风格家居中墙面、家具、吊顶等装饰	250元/m²
灰色镜片	有平面和车边两种，相比黑镜的冷硬感，灰镜的装饰效果更柔和，即使大面积使用也不会显得沉闷	用于各种风格家居中墙面、家居、吊顶的装饰	250元/m²
茶色镜片	有平面与车边两种造型，装饰效果温暖、华贵	用于各种风格家居中墙面、家居、吊顶的装饰	250元/m²
银色镜片	最常见的镜面装饰材料，有平面与车边两种造型，装饰效果通透明亮，缺点是反射率高	用于各种风格家居中墙面、家居、吊顶的装饰	200元/m²

• 本书列出价格仅供参考，实际售价请以市场现价为准

No.24 艺术玻璃

艺术玻璃包含了所有以玻璃材质为载体，体现设计和艺术效果的玻璃制品。其款式、造型、花色的多样化是其他装饰建材不能及的。常见的雕花玻璃、磨砂玻璃、中空玻璃等都属于艺术玻璃的范畴。

装饰材料运用
1 艺术玻璃

装饰材料运用
1 艺术玻璃
2 陶瓷锦砖

材料运用说明：雕花艺术玻璃与带有金属质感的金属砖相搭配，让整个空间拥有了时尚感。

艺术玻璃的日常养护

对于使用艺术玻璃装饰的墙面、门扇、窗扇等，尽量不要悬挂重物，同时还要避免碰撞玻璃面，以防止玻璃面刮花或损坏。在日常清洁时，只需要用湿毛巾或报纸擦拭即可，如遇污渍，则可用温热的毛巾蘸取食用醋即可擦除。

艺术玻璃速查档案

样式分类	特　点	应　用	参考价格
LED玻璃	安全环保,有红、蓝、黄、绿、白五种颜色可选,图案可预先设计并自由掌控LED光源的明暗变化	用于现代风格家居中墙面的装饰	30元/块(国产)
压花玻璃	表面花纹图案多样,可透光,但却能遮挡视线,即具有透光不透明的特点	主要用于门窗、室内间隔、卫浴间等处	30元/块(国产)
雕刻玻璃	分为人工雕刻和计算机雕刻两种,立体感强	适合做隔断或墙面造型	30元/块(国产)
夹层玻璃	安全性高,同时具有耐光、耐热、耐湿、耐寒、隔声等功能	多用于与室外接壤的门窗	30元/块(国产)
磨砂玻璃	表面粗糙,使光线产生漫射,透光而不透视,可使室内光线柔和而不刺目	用于需要隐蔽的卫浴间、门窗及隔断	30元/块(国产)
热溶玻璃	玻璃表面带有各种凹凸不平、扭曲、拉伸、流状或气泡的效果,个性,视觉冲击力强	可做门窗、隔断或墙面的造型装饰	30元/块(国产)
琉璃玻璃	表面质感凹凸不平,色彩鲜艳,装饰效果强,价格较贵	可做门窗、隔断或墙面的造型装饰	30元/块(国产)
水珠玻璃	也叫肌理玻璃,使用寿命长、装饰效果好	可做门窗、隔断或墙面的造型装饰	30元/块(国产)

• 本书列出价格仅供参考,实际售价请以市场现价为准

No.25 无纺布壁纸

无纺布壁纸流行于法国，是最环保的一种新型家居装饰材料。采用天然植物纤维无纺工艺制成，色彩纯正，具有良好的透气性、柔韧性。

天然纤维与人造纤维的辨别

无纺布壁纸由于加工工艺不同，可分为天然纤维无纺布壁纸与人造纤维无纺布壁纸两种。顾名思义，天然纤维对人体没有伤害，而人造纤维由于添加了大量的化学添加剂，因此会对人体产生一定的危害。我们可以通过燃烧的方法来辨别所购买的无纺布壁纸的产品属性。天然环保的无纺比壁纸火焰明亮，没有异味；人造纤维的无纺布壁纸火焰颜色比较浅，在燃烧过程中会有刺鼻的气味产生。

装饰材料运用

1 无纺布壁纸

2 装饰画

装饰材料运用

1 实木装饰线

2 无纺布壁纸

材料运用说明：壁纸细密柔和的纹理为美式风格空间营造出温和、典雅的背景氛围。

无纺布壁纸的巧运用

无纺布壁纸色彩逼真，风格迥异，因此适合各种风格的家居空间使用。在进行家居装饰过程中，可以用在主题墙面或吊顶的装饰中。除了大面积使用外，还可以用于局部点缀，如客厅的沙发墙或电视墙、卧室的床头墙、玄关墙等。

装饰材料运用

1 白色石膏装饰线

2 无纺布壁纸

3 装饰油画

4 白色护墙板

材料运用说明： 纹理淡雅的米色调无纺布壁纸与床品的色调一致，体现了美式风格的舒适与自然。

无纺布壁纸速查档案

样式分类	特 点	材 质	参考价格
天然无纺布壁纸	绿色环保、防潮、透气、不助然、易分解、质轻、柔韧度好、色彩丰富	由棉、麻等天然植物纤维经过无纺形成	1000元/m²
混合无纺布壁纸	防潮、透气、不助然、易分解、质轻、柔韧度好、色彩丰富、价格适中，缺点是安全程度相比天然无纺布壁纸较低	由涤纶、腈纶、尼龙等化学纤维与天然纤维混合而成	200元/m²

• 本书列出价格仅供参考，实际售价请以市场现价为准

No.26 PVC 壁纸

PVC壁纸是以PVC为主要成分制成的壁纸。其表面装饰方法常通过印花、压花或印花与压花的组合等工艺完成。有一定的吸声、隔热、防霉、防菌功能。由于壁纸的表面涂有一层PVC膜，防水性能相对普通壁纸更好，耐擦洗，易于清洁。

装饰材料运用

1 白色石膏装饰线

2 PVC壁纸

3白色护墙板

材料运用说明： 壁纸清秀淡雅的古典图案，给卧室空间增添了无限的浪漫情怀。

PVC壁纸的养护

PVC壁纸的日常养护与清洁十分简单。如果PVC壁纸起泡，说明粘贴时涂胶不匀，PVC壁纸与墙面受力不均而产生内置气泡。处理时只需用针在气泡处刺破，用微湿的布将气泡赶出，再用针管取适量胶由针孔注入，最后抚平压实即可。如果PVC壁纸发霉，可用干净的抹布沾肥皂水轻轻擦拭发霉处或使用PVC壁纸除霉剂。如果PVC壁纸翘边，可取适量的胶抹在翘边处，将翘边抚平，用手压实粘牢，再用吹风机热风吹十几秒即可。

装饰材料运用

1 PVC壁纸

2 踢脚线

材料运用说明： 淡绿色花纹PVC壁纸与白色床品及装饰元素相搭配，使整个卧室空间都萦绕着安逸、舒适的气息。

装饰材料运用
1 PVC壁纸
2 木质踢脚线

装饰材料运用
1 彩色乳胶漆
2 白色石膏装饰线
3 PVC壁纸

材料运用说明: 发泡型PVC壁纸的立体图案让卧室的墙面设计更加丰富, 花色柔美, 提供了一个温馨舒适的居室氛围。

PVC壁纸速查档案

样式分类	特　点	材　质	参考价格
发泡型PVC壁纸	经过发泡处理的壁纸立体感强, 纹理逼真, 具有良好的质感, 透气性强、装饰效果好、吸声	以纯纸、无纺布、纺布等为基材, 表面喷涂PVC树脂膜, 再经过压花、印花等工序制造而成	400元/m²
普通型PVC壁纸	花纹精致, 防水防潮性好, 经久耐用, 易维护保养	以纸为基材, 表面涂敷PVC树脂膜, 再经复合、压花、印花等工序制成	150元/m²

• 本书列出价格仅供参考, 实际售价请以市场现价为准

No.27 纯纸壁纸

纯纸壁纸是以纸为基材，印花后压花而成的壁纸。这种壁纸使用纯天然纸浆纤维，透气性好，并且吸水吸潮，是一种环保低碳的家装理想材料。

安全环保，装饰效果好

纯纸壁纸不含化学成分，主要由草、树皮，以及现代高档新型天然加强木浆加工而成，施工方便，不易翘边，环保性能高，透气性强，尤其是现代新型加强木浆壁纸更有耐擦洗、防静电、不吸尘等特点。此外，纯纸壁纸的颜色生动亮丽，图案清晰细腻，色彩层次好。缺点是收缩性较大，强度差，容易显现出缝隙，容易掉颜色，不耐水，不适合在空气潮湿的环境中使用。

装饰材料运用

1 实木顶角线

2 纯纸壁纸

装饰材料运用

1 白色石膏装饰线

2 纯纸壁纸

材料运用说明：绿色碎花纯纸壁纸和白色石膏装饰线组成为床头墙，再搭配粉色床品，营造出一个甜美柔和的睡眠空间。

纯纸壁纸的选购

在购买纯纸壁纸时，用手反复抚摸壁纸表面，如有粗糙的颗粒物，则表明其并不是真正的纯纸壁纸。此外，纯纸壁纸有淡淡的木浆味道，如存在异味或无味则非纯纸壁纸。纯纸壁纸的透水性良好，可以将几滴水滴在壁纸表面，观察水是否透过纸面。

装饰材料运用

1 石膏顶角线

2 纯纸壁纸

材料运用说明：网格壁纸色调沉稳，展现出英式田园风格的厚重与雅致。

材料运用说明：红、白、蓝三种色调的纯纸壁纸图案展现出现代美式风格果敢、活泼的一面。

装饰材料运用

1 纯纸壁纸

2 木质踢脚线

纯纸壁纸速查档案

样式分类	材质特点	应 用	参考价格
原生木浆壁纸	以原生木浆为原材料，经打浆成形，表面印花而成；韧性比较好，表面光滑，重量比较重	用于田园风格和简约风格空间内，但不适用于厨房、卫浴间等潮湿的空间内	200~600元/m²
再生纸型壁纸	以可回收物为原材料，经打浆、过滤、净化处理而成；再生纸的韧性相对比较弱，表面多为发泡或半发泡型	用于田园风格和简约风格空间内，但不适用于厨房、卫浴间等潮湿的空间内	200~600元/m²

• 本书列出价格仅供参考，实际售价请以市场现价为准

No.28 金属壁纸

金属壁纸是将金、银、铜、锡、铝等金属经特殊处理后，制成薄片贴饰于壁纸表面，金属壁纸的构成线条颇为粗犷奔放，质感强，装饰效果繁富典雅、高贵华丽。在普通家居装饰中不宜大面积使用，多作为点缀装饰。

金属壁纸的种类及运用

金属壁纸是最常见的仿金属质感的壁纸，有光面、拉丝以及压花等种类。此类壁纸由于装饰效果太过华丽，因此不太适合大面积用于家居空间中。而铂金壁纸采用部分印花的金箔材质，可根据居室风格进行适当的大面积运用。此外，冷色调的金属壁纸比较适用于后现代风格空间，而金色的金属壁纸则更适用于装饰古典欧式风格及东南亚风格居室。

装饰材料运用

1 金属壁纸

2 实木地板

装饰材料运用

1 实木顶角线

2 金属壁纸

材料运用说明： 金色壁纸与米色、浅棕色等明浊的暖色搭配出一个奢华又不失安宁的空间氛围。

装饰材料运用

1 金属壁纸

2 大理石

材料运用说明： 顶面局部使用金属壁纸作为装饰材料，既不会显得压抑，又能丰富顶面造型，彰显欧式风格的奢华美感。

装饰材料运用

1 金属壁纸

2 木质装饰线描金

3 胡桃木饰面板

材料运用说明： 金属壁纸与金色木质边框两相呼应，体现了空间设计的整体感，也彰显出古典欧式风格的细腻。

金属壁纸速查档案

	材质特点	应 用	参考价格
	金属经特殊处理后，制成薄片贴饰于壁纸表面，具有金属的光泽和质感，装饰效果很强	适用于古典风格家居的墙面、吊顶点缀装饰	根据所添加的金属材质不同，价格浮动较大，通常为300~1800元/m²

• 本书列出价格仅供参考，实际售价请以市场现价为准

No.29 木纤维壁纸

木纤维壁纸是选取优质树种的天然纤维，经特殊工艺直接加工而成，有相当卓越的抗拉伸、抗扯裂特性。它的使用寿命比普通壁纸长，家庭使用一般可保证15年左右的时间，堪称壁纸中的极品。

木纤维壁纸的鉴别

1. 闻气味。木纤维壁纸有着淡淡的木香味，几乎闻不到气味，如有异味则非木纤维制作。

2. 用火烧。木纤维壁纸在燃烧时没有黑烟，燃烧后的灰尘也是白色的，如果冒黑烟、有臭味，则有可能是PVC材质的壁纸。

3. 做滴水试验。在壁纸背面滴上几滴水，看是否有水汽透过纸面，如果看不到，则说明这种壁纸不具备透气性能，绝不是木纤维壁纸。

4. 用水泡一下。把一小部分壁纸泡入水中，再用手指刮壁纸表面和背面，看其是否褪色或泡烂，真正的木纤维壁纸特别结实，并且因其染料为鲜花和亚麻中提炼出的纯天然物质，不会因为被水泡而脱色。

装饰材料运用

1 木纤维壁纸

2 装饰画

3 白色护墙板

材料运用说明： 木纤维壁纸的运用彰显了新古典主义的奢华与品位，使整个空间都散发着欧洲经典风格的享乐主义生活态度。

装饰材料运用

1 石膏顶角线

2 木纤维壁纸

3 木质踢脚线

材料运用说明： 壁纸的精美图案及其质感使造型简洁的卧室墙面更具有装饰性，展现出新古典主义简约不失精致的风格特点。

装饰材料运用

1 素色乳胶漆

2 白色石膏装饰线

3 条纹壁纸

材料运用说明： 条纹壁纸与白色石膏装饰线让整个卧室墙面流露出简洁又不失典雅的空间氛围。

木纤维壁纸速查档案

	特　点	材　质	参考价格
	安全环保，具有很强的抗拉伸、抗扯裂特性，透气性、耐水性良好，使用寿命长	取自优质树种的天然纤维，经过特殊工艺加工而成	500~1000元/m²

• 本书列出价格仅供参考，实际售价请以市场现价为准

No.30 液体壁纸

液体壁纸是一种新型涂料，也称壁纸漆，是集壁纸和乳胶漆的优点于一身的环保型水性涂料。液体壁纸采用高分子聚合物与进口珠光颜料及多种配套助剂精制而成，无毒无味，绿色环保，有极强的耐水性和抗菌性能，不易生虫、不易老化。

装饰材料运用

1 液体壁纸

2 纯毛地毯

材料运用说明： 液体壁纸具有超强的贴服感，无缝式装饰效果让卧室墙面的装饰效果更加细腻、完美。

液体壁纸与传统壁纸的比较

样式分类	特 点
液体壁纸	液体壁纸与基层的附着更牢靠、永不起皮、无接缝、无开裂；性能稳定，耐久性好，不变色；防水耐擦洗，抗静电，灰尘不易附着；颜色可随意调和，色彩丰富；图案丰富，可进行个性设计；无毒、无味，可放心使用；价格合理，美观时尚
传统壁纸	传统壁纸采用黏贴工艺，黏结剂老化后会出现起皮、接缝处开裂等现象；此外还有易氧化变色、怕潮、需专用清洗剂清洗、二次施工揭除异常困难等缺点；但是传统壁纸的色彩相对稳定，只是色彩图案的选择比较被动

No.31 实木雕花

实木雕花是利用木材本身的特点进行镂空雕刻花格、格栅等造型，形成千变万化的图案纹样，可对背景墙面、装饰吊顶、隔断、玄关等部位进行装饰。依据不同的要求可进行刷白处理来协调空间色调的统一。

浓郁的中式文化风韵

实木雕花工艺在传统中式风格中十分常见，能够彰显出独特的艺术底蕴。实木雕花可以分为实木浮雕和镂空雕花两种。前者更适合用于墙面、家具、门面等的装饰，后者最具有代表性的就是窗格或万字格等，可用于门扇、屏风、墙面、顶面的装饰。

装饰材料运用

1 素色乳胶漆

2 木质格栅

3 实木雕花挂件

材料运用说明： 实木雕花装饰彰显了传统手工艺的精良与品位，彰显了独特的东方传统文化底蕴。

装饰材料运用

1 木质窗棂雕花

2 手绘墙画

实木雕花的养护

　　实木雕花的基材是实木，会因气候的变化出现变形、开裂等现象。通常来讲，实木雕花物件不易放置在极潮湿或极干燥的室内。日常清洁时不宜用带水的毛巾擦拭，可经常用干棉布或掸子将表面灰尘掸去。如需保养时，可用刷子将上光蜡涂于表面，再用干抹布擦拭、抛光；还可以用纯棉毛巾蘸一些核桃油轻轻擦拭表面，也能够达到理想的养护效果。

装饰材料运用

1 实木雕花

2 壁纸

材料运用说明：带有雕花图案的护墙板展现了新古典主义的精致与奢华，也让墙面设计造型更加丰富。

实木雕花速查档案

样式分类	特 点	应 用	参考价格
实木浮雕	做工精细，立体感强，具有低调的奢华感，多为原木色	适用于古典中式风格、古典美式风格、古典欧式风格的家具或墙面装饰	根据实际尺寸大小、雕刻工艺、基材等议价
木窗棂造型	中国传统的造型艺术，玲珑剔透，立体感较强，多以黑胡桃木、黄松木、红松木、白桦木、红樱桃木、紫檀木等实木为原料	可用于装饰顶面、墙面、隔断、家具等	根据实际尺寸大小、造型工艺、基材等议价
万字纹造型	万字纹是具有中国传统文化韵味的装饰纹样，有吉祥、万福和万寿之意，常见有圆形、方形两种，多以樱桃木、胡桃木、橡木、榉木等实木为原料	可用于装饰顶面、墙面、隔断、家具等	根据实际尺寸大小、造型工艺、基材等议价

No.32 墙面彩绘

墙面彩绘俗称手绘墙画，运用环保的绘画颜料，依照居室主人的爱好和兴趣，迎合家居的整体风格，在墙面上绘出各种图案以达到装饰效果。手绘墙画是近年来居家装饰的潮流，它不但具有很好的装饰效果，独有的画面也体现了居室主人的时尚品味，形成了独具一格的家居装修风格。

不同功能空间的手绘墙画

手绘墙画并不局限于家中的某个位置，客厅、卧室、餐厅甚至是卫浴间都可以选择。一般来说，如今居室内选择电视墙、沙发墙和儿童房装饰的较多。另外，还可以针对一些比较特殊的空间进行绘制，如阳光房可以在局部绘制以太阳、花鸟为主题的画，儿童房可以绘制卡通画，在楼梯间还可以画上妖娆的藤蔓等。还有一种墙画属于"点睛"的类型。开关座、空调管等角落位置不适合摆放家具或者装饰品，这时候就可以用手绘墙画来丰富，精致的花朵、自然的树叶，往往能产生意想不到的效果。

装饰材料运用
1 手绘墙画

不同风格空间的手绘墙画

手绘墙面可以与多种家居风格搭配。绘画前要根据居室的整体风格和色调来选择尺寸、图案、颜色及造型。手绘墙画风格有中式风情、北欧简约、田园色彩、卡通动漫等多种选择。其中，植物图案是如今最为流行的墙面手绘图案，绿色植物、海草、贝壳、芭蕉、荷花等都成了手绘墙画的宠儿。

装饰材料运用

1 手绘墙画

2 混纺地毯

3 玻化砖

材料运用说明： 黑白色调的中式手绘图案彰显了中式文化的传统韵味，也让简洁的墙面设计更加丰富。

装饰材料运用

1 手绘墙画

2 实木地板

手绘墙画速查档案

	特 点	应 用	参考价格
	以丙烯为绘制颜料，可美化空间结构不足，具有良好的装饰效果，能够展现出居室主人的时尚品味	适合各种风格空间的墙面、吊顶绘制	根据图案大小、难易程度议价，通常为80~2000元/m^2

• 本书列出价格仅供参考，实际售价请以市场现价为准

No.33 墙贴

墙贴是用不干胶贴纸设计和制作成现成的图案,只需要动手贴在墙面、玻璃、瓷砖或者其他实物表面即可。一般墙贴是用背面带胶的PVC材料加工制作的,是一种自己就可以轻松搞定的墙面装饰,不但简洁方便,而且随意性很强,装饰效果也非常直观,适合现代风格居室。

墙贴的粘贴技巧

在粘贴墙贴时应先用抹布蘸一些清水或酒精,将墙面擦拭干净;再将墙贴粘贴于墙面上。为了避免墙贴粘贴不理想,可先轻压稍微固定,观察整体比例与位置;确定位置后,再用力紧压固定即可。

装饰材料运用

1 艺术墙贴

2 白色乳胶漆

3 白色木质踢脚线

材料运用说明:羽毛墙贴的运用为空间注入一丝古典主义的意味,也让墙面装饰更加丰富。

装饰材料运用

1 艺术墙贴

2 壁纸

新型导气槽墙贴

　　导气槽墙贴是一种新型的环保高端墙贴。当我们贴墙贴的时候，特别是大面积的墙贴，会发现无论多么谨慎，粘贴后，墙贴上也会产生大大小小的气泡。胶面导气槽很好地解决了这个问题。导气槽是指墙贴胶面上网格状的凹槽，贴墙贴的时候手轻轻一抹，空气就会顺着这些凹槽跑出去，从而解决了墙贴的气泡问题。查看墙贴是不是具有导气槽功能，只要将墙贴和底纸分开，看看胶面上有没有细小的网格就可知晓。

装饰材料运用

1 素色乳胶漆

2 艺术墙贴

3 混纺地毯

材料运用说明： 墙贴的图案与单人座椅的造型相呼应，体现了现代风格的时尚感与空间搭配的整体感。

装饰材料运用

1 铜质吊灯

2 艺术墙贴

3 混纺地毯

墙贴速查档案

	特　点	材　质	参考价格
	可以根据居室的功能、风格进行选择，装饰效果好，移除或更换方便，可操作性强	PVC材料	50~100元/组

• 本书列出价格仅供参考，实际售价请以市场现价为准

No.34 软包、硬包

柔化空间的软包

软包是一种在室内墙表面用柔性材料加以包装的墙面装饰。它所使用的材料质地柔软，色彩柔和，能够柔化整体空间氛围，其纵深的立体感也能提升家居档次。除了具有美化空间的作用外，更重要的是它具有吸声、隔声、防潮、防霉、抗菌、防水、防油、防尘、防污、防静电、防撞的功能。

装饰材料运用

1 布艺软包

2 木质踢脚线

软包速查档案

样式分类	特 点	材 质	参考价格
布艺软包	质地柔软，花色、面料可选度高，能够营造出温暖舒适的空间氛围	面料为棉、麻或真丝等布艺，以海绵作为内置填充物	根据面积大小及面料材质的不同议价
皮革软包	赋予墙面立体凹凸感，又具有一定的吸声效果	面料为各色真皮或人造革，以海绵作为内置填充物	根据面积大小及面料材质的不同议价

立体感十足的硬包

　　与软包对应的是硬包，硬包的填充物不同于软包，它是将密度板制作成想要的设计造型后，包裹在皮革、布艺等材料里面。相比软包，硬包更加适用于现代风格家居中的墙面装饰，它具有鲜明的棱角，线条感更强。硬包的造型多会以简洁的几何图形为主，例如正方形、长方形、菱形等，偶尔也会用一些不规则的多边形。

装饰材料运用

1 布艺软包

2 无缝木饰面板

3 混纺地毯

装饰材料运用

1 素色乳胶漆

2 布艺硬包

3 混纺地毯

硬包速查档案

样式分类	特 点	材 质	参考价格
皮革硬包	棱角分明，立体感强	以木工板或高密度板作为基层造型，再用真皮或人造革进行饰面装饰	根据面积大小及面料材质的不同议价
无纹理硬包	表面纹理并不突出，通过材质本身的触感、色彩与硬包造型的搭配，来起到装饰效果	无纹理硬包的表面材质不仅限于皮革或布艺，还包括丝绸等一些高端面料材质	根据面积大小及面料材质的不同议价

第 3 章

[地面装饰材料]

No.1 实木地板

实木地板是用实木直接加工而成的地板, 它保持了原料的自然花纹, 环保无污染, 是家居地板铺设的首选材料。脚感舒适, 使用安全, 具有良好的保温、隔热、隔声、吸声、绝缘的性能, 是卧室、客厅、书房等地面装修的理想材料。

实木地板对空间的营造

实木地板常用的有柚木、紫檀木和花梨木等。柚木的颜色偏黄, 看起来比较光滑, 充满油质; 紫檀木的颜色较深, 质地坚硬, 可以给空间带来沉稳内敛的感觉; 花梨木偏红, 纹理清晰、自然, 纹路多样, 富有变化, 可以给居室带来古朴典雅的装饰效果。

装饰材料运用

1 白色乳胶漆

2 实木地板

装饰材料运用

1 红樱桃木饰面板

2 木质窗棂雕花

3 实木地板

材料运用说明: 实木地板温软的色泽、清晰的纹理使整个空间氛围更加温和、典雅。

实木地板在不同空间中的运用

在家居装饰中，不是所有的空间都需要高强度的实木地板。通常来讲，客厅、餐厅等活动量较大的空间比较适合选用高强度的实木地板，如巴西柚木、杉木等；而卧室、书房则可以选择强度相对低一些的品种，如水曲柳、红橡木、榉木等；老人与儿童居住的房间可以选用一些色泽柔和温暖的实木地板。

装饰材料运用

1 白色石膏装饰线

2 白色护墙板

3 实木地板

材料运用说明： 棕红色实木地板的运用让整个空间更具归属感，也彰显了现代美式风格的厚重与品位。

材料运用说明： 浅色调的实木地板在色彩上大大缓解了深色墙面带来的压抑感，营造出一个舒适、自然、淳朴的空间氛围。

装饰材料运用

1 无缝饰面板

2 实木地板

实木地板速查档案

材质分类	特　点	应　用	参考价格
柚木实木地板	强度适中；稳定性及耐久性好，油脂多，可防蛀虫，纹理优雅	适用于卧室、书房	2000元/m²
花梨木实木地板	强度较高；表面呈典雅的红褐色，带有淡淡的清香，木材稳定性好，耐用	适用于客厅、餐厅、玄关等活动量大的空间	3000元/m²
樱桃木实木地板	强度适中；色泽高雅，纹理雅致，稳定性好，耐久性高	适用于卧室、书房、休闲区	4000元/m²
水曲柳实木地板	强度一般；颜色浅淡，纹理清晰，稳定性好	适用于卧室、书房、休闲区	2000元/m²
桦木实木地板	相对较软；纹理细腻，稳定性好	适用于卧室、书房、休闲区	2000元/m²
风铃木实木地板	硬度高；耐久力与稳定性高	适用于客厅、餐厅	1700元/m²

• 本书列出价格仅供参考，实际售价请以市场现价为准

No.2 实木复合地板

实木复合地板是由不同树种的板材交错层压而成的，克服了实木地板干缩湿胀的缺点，具有较好的稳定性，并保留了实木地板的自然木纹和舒适的脚感。实木复合地板兼具强化地板的稳定性与实木地板的美观性，而且具有环保优势，也以其天然木质感、容易安装维护、防腐防潮、抗菌且适用于地热等优点受到许多家庭的青睐。

装饰材料运用

1 白色乳胶漆

2 实木复合地板

材料运用说明： 当整个空间的墙面、顶面都采用白色时，深色调的地板是最好的选择，可以为浅色调空间提供一定的稳重感。

装饰材料运用

1 水曲柳饰面板

2 实木复合地板

材料运用说明： 浅木色地板与护墙板、家具的色调相同，大大增强了空间设计的整体感，营造出一个温馨、舒适的空间氛围。

实木复合地板的种类

实木复合地板可分为多层实木复合地板和三层实木复合地板。三层实木复合地板是由三层实木单板交错层压而成，其表层多为桦木、水曲柳、花梨木、柞木、柚木等。芯层由普通软杂规格木板条组成，树种多用松木、杨木等；底层为旋切单板，树种多用杨木、桦木和松木。三层结构板材用胶层压而成，多层实木复合地板是以多层胶合板为基材，以硬木薄片镶拼板或单板为面板，层压而成。

装饰材料运用

1 白色乳胶漆

2 实木复合地板

材料运用说明： 纹理自然清晰的实木复合地板为浅色调的北欧风格空间增添一丝暖意。

纹理自然，性能优越

　　实木复合地板表层为优质珍贵木材，不但保留了实木地板木纹优美、自然的特性，而且大大节约了优质珍贵木材的资源。表面大多涂五遍以上的优质UV涂料，不仅有较理想的硬度、耐磨性、抗刮性，而且阻燃、光滑，便于清洗。芯层选用再生木材作为原材料，成本低、性能好，其成品的弹性、保温性等完全不亚于实木地板。因此实木复合地板不仅具有实木地板的各种优点，还弥补了强化复合地板密度较大、脚感差、可修复性差、不利于环保等不足，成为当今市面上地板的主流产品。

材料运用说明： 暗暖色调的空间配色，彰显了传统风格的坚定、结实的厚重感。

装饰材料运用

1 布艺硬包

2 混纺地毯

3 实木复合地板

装饰材料运用

1 装饰镜面

2 白色乳胶漆

3 实木复合地板

材料运用说明： 实木复合地板清晰的纹理丰富了空间的设计层次，为极简风格空间增添了一丝暖意。

装饰材料运用

1 壁纸

2 装饰画

3 实木复合地板

材料运用说明： 木色地板为冷色调的空间增添了些许暖意，营造出一份属于北欧风情的舒适与自然。

实木复合地板速查档案

	特　点	材　质	参考价格
	加工精度高，具有天然的木质感，防腐、防潮、抗菌，比实木地板更加耐用	表层为各种优质木种，如柞木、柚木、水曲柳、花梨木、樱桃木等，芯层为再生或速生木种，底板为杨木、桦木、松木等	30元/块（国产）

• 本书列出价格仅供参考，实际售价请以市场现价为准

No.3 软木地板

软木地板被称为"地板的金字塔尖消费"。软木地板柔软、安静、舒适、耐磨。如果老人和孩子意外摔倒可起缓冲作用，其独有的隔声效果和保温性能也非常适合应用于卧室、书房等空间。

软木地板的优点

1. 脚感柔软舒适。软木地板具有健康、柔软、舒适、脚感好、抗疲劳的良好特性。软木的回弹性可大大降低由于长期站立对人体背部、腿部、脚踝造成的压力，同时有利于老年人膝关节的保护，可最大限度地降低对人体的伤害程度。

2. 防滑性能好。软木地板具有比较好的防滑性，其防滑的特性也是它最大的特点，增加了使用的安全性。

3. 能够吸收噪声。软木质地较软，使其吸声功能更强于其他材质的地板。

装饰材料运用

1 皮革软包

2 不锈钢条

3 软木地板

软木地板速查档案

	材质及特点	应 用	参考价格
	以橡树树皮为原材料，花色选择非常多，环保安全，隔声、防潮，脚感极佳	适用于各种家居风格，尤其适用于卧室、书房、儿童房、老人房的地面装饰	300~1500元/m²

• 本书列出价格仅供参考，实际售价请以市场现价为准

软木地板的养护

　　软木地板的保养比其他木地板更简便。在使用过程中，若个别处有磨损，可以采用局部弥补，即在局部重新涂上涂层。方法很简单，在磨损处轻轻用砂纸打磨，清除其面上的污物，然后再用干软布轻轻擦拭干净，重新涂上涂层，或在局部覆贴聚酯薄膜。对于表面刷漆的软木地板，其保养同实木地板一样，一般半年打一次地板蜡就可以了。

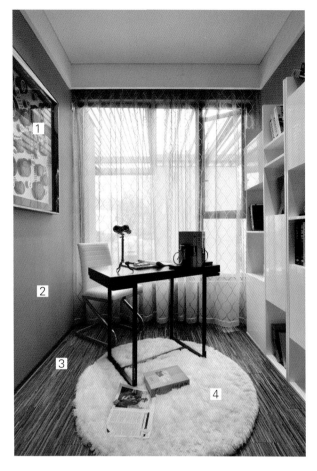

材料运用说明： 软木地板舒适的脚感与毛绒地毯搭配，为现代风格空间增添了无限的舒适感与柔软的气息。

装饰材料运用

1 装饰画

2 素色乳胶漆

3 软木地板

4 纯毛地毯

装饰材料运用

1 白色波浪板

2 混纺地毯

3 软木地板

材料运用说明： 客厅的设计与装饰十分简洁，浅色软木地板搭配咖啡色地毯，将舒适与质朴的感觉带入现代风格居室，让整个空间简洁而不失雅致。

竹地板

竹地板是以天然优质竹子为原料,经过二十几道工序,脱去竹子原浆汁,经高温高压拼压,再经过多层涂装,最后利用红外线烘干而成。竹地板具有天然纹理,清新文雅,给人一种回归自然、高雅脱俗的感觉。

竹地板的选购

在选购竹地板时要仔细观察地板的表面,看看漆上有无气泡,色泽是否清新亮丽,竹节是否太黑,表面有无胶线;然后再看四周有无裂缝,有无批灰痕迹,是否干净整洁;再就是看背面有无竹青竹黄残留。

材料运用说明: 纯白色空间内选用色泽温润、纹理清晰的竹地板,让整个厨房空间沉稳舒适,又不会破坏整洁感。

装饰材料运用

1 白色瓷质砖

2 白色人造石台面

3 竹地板

竹地板的日常养护与清洁

　　虽然竹地板的使用寿命很长，但也要注意正确使用和保养。竹地板在使用过程中最重要的是保持室内干湿度，因为竹地板虽然经过干燥处理，但是也会随着气候的变化而变化。如在干燥的冬季，应保持室内湿度适宜，在梅雨季节则要保持室内通风良好，减少空气中的湿度。此外，竹地板在使用时应注意避免硬物撞击、利器划伤或金属摩擦等情况。在日常清洁时，需用拧干的毛巾擦拭，如果不慎将水洒在地面上，要及时擦干。

装饰材料运用

1 白色乳胶漆

2 混纺地毯

3 竹地板

材料运用说明： 客厅空间的设计十分简洁，白色墙漆与竹地板搭配，简洁而不失温馨，营造出一种随意舒适的生活氛围。

装饰材料运用

1 白色乳胶漆

2 钢化玻璃

3 竹地板

竹地板速查档案

	材质及特点	应　用	参考价格
	采用天然竹材经过高温、高压压制而成；具有竹子天然的纹理，无毒环保、防潮、防虫，强度高、不易变形，使用寿命长	适用于各种空间	500~1200元/m²

• 本书列出价格仅供参考，实际售价请以市场现价为准

No.5 实木UV淋漆地板

实木UV淋漆地板是纯木制品，将实木烘干后经过机器加工，表面经过淋漆固化处理而成。它吸取了传统实木地板与强化地板的优点，材质性温，脚感好，纹路真实自然。常见的实木UV淋漆地板的材质有柞木、橡木、水曲柳、枫木和樱桃木等。

亚光型UV淋漆地板

UV淋漆地板的漆面可分为亮光型和亚光型。经过亚光处理的地板表面不会因光线的折射而对眼睛产生伤害，也会起到一定的防滑效果。既能避免光源污染，又有良好的装饰效果，因此，亚光型地板在家居装饰中较为常用。

材料运用说明： 亚光淋漆地板的运用为现代风格空间增添了一份雅致的舒适感，同时也避免了与大面积白色搭配产生的反光效果。

装饰材料运用

1 实木淋漆地板

2 木质搁板

装饰材料运用

1 米色亚光砖

2 白色乳胶漆

3 实木淋漆地板

实木复合型UV淋漆地板

实木UV淋漆地板的木质细腻，干燥，受潮后易收缩，产生反翘变形现象，安装比较麻烦。但是实木复合型UV淋漆地板则完善了实木UV淋漆地板的一些不足，基材采用高密度板，弥补了天然木材受力不均、收缩不平衡等缺陷，安装后整体不会变形、开裂、起拱。正常使用8~10年后，还可自行打磨涂刷地板漆1~2遍，地板又可焕然一新，属"再生型"产品。因此实木复合型UV淋漆地板具有新颖性、自然性、稳定性及再生性四大特点。

实木UV淋漆地板速查档案

样式分类	特 点	应 用	参考价格
亮光型UV淋漆地板	表面涂层光洁均匀，脚感好，纹理真实自然	更适用于采光不足的空间	180~360元/m²
亚光型UV淋漆地板	表面涂层呈亚光状，装饰效果柔和，脚感好，纹理真实自然	适用于任何空间，尤其适用于采光充足的房间	180~360元/m²

• 本书列出价格仅供参考，实际售价请以市场现价为准

No.6 海岛型地板

海岛型地板为多层复合成型地板，因其下层的夹板经干燥处理过，稳定性强，表层不易变形，所以膨胀系数比一般实木地板小，可以避免离缝、翘曲等现象发生，所以较适合在潮湿地区使用。

超强的稳定性与耐潮性

不易变形是海岛型地板的最大优点，因适合潮湿的海岛型气候地区使用而得名。海岛型地板是一种复合式地板，表面材料为实木贴皮，底材用多层薄板，进行水平、垂直交错重叠而成，最后再以胶合技术将面材与地板贴合，使其稳定性更强。

材料运用说明： 整个卧室的色彩雅致又不失层次，深色地板搭配米色地毯，让整个空间的基调更加稳重，更有归属感。

装饰材料运用

1 布艺软包

2 混纺地毯

3 海岛型复合地板

装饰材料运用

1 实木装饰立柱

2 灰色洞石

3 海岛型复合地板

材料运用说明： 墙面、地面均采用统一色调作为装饰，体现了空间设计的整体感，也彰显了现代风格的简约与大气。

海岛型地板的常见花色

海岛型地板有多种花色可选，常见的有白橡木、白栓木、柚木、黑檀木等；由于表面的处理方式不同，表面纹理有平面的或用钢刷处理过的凹凸纹理两种。

装饰材料运用

1 实木窗棂雕花

2 混纺地毯

3 海岛型地板

材料运用说明： 木质元素贯穿了整个客厅的设计，也彰显了新中式风格的魅力所在，色调相对突出的地板，有效调节了空间的重心，避免了暗暖色给空间带来的沉闷感。

海岛型地板速查档案

样式分类	特　点	应　用	参考价格
白橡木海岛型地板	为最常见的海岛型地板，价格便宜，纹理细腻清晰	比较适合田园风格及乡村风格空间使用	200~500元/m²
白栓木海岛型地板	木纹大而明显，价格便宜	适用于简约风格空间	200~500元/m²
黑檀木海岛型地板	不易吃水，坚固耐用，价格偏贵	适用于古朴典雅的空间	300~700元/m²
柚木海岛型地板	表面呈棕黄色光泽，油脂含量高，木质稳定、耐用	适用于古朴雅致的空间	300~700元/m²

• 本书列出价格仅供参考，实际售价请以市场现价为准

No.7 大理石

天然大理石的种类很多，主要以产地、颜色、花纹来命名。大理石的花色丰富、纹理美观、光滑细腻，被普遍用于居家空间，用来装饰墙壁、台面或地面等。

丰富的色彩及纹理变化

大理石具有花纹品种繁多、色泽鲜艳的特点。颜色大致可分为白、黑、红、绿、咖啡、灰、黄等色系；其中变化最丰富的是黄色系，其色泽温和，很好地冲淡了石材的冰冷感觉。此外，大理石表面的纹理还会呈现分布不均、形状大小各异的纹理，常见的有云雾型、山水型、雪花型、螺纹型等。

装饰材料运用

1 灰白洞石

2 大理石

装饰材料运用

1 柚木饰面板

2 大理石

3 纯毛地毯

材料运用说明： 大理石装饰的地面彰显了现代风格空间的时尚感。

装饰材料运用

1 无缝饰面板

2 白色人造石台面

3 大理石

材料运用说明： 纹理清晰的大理石地面为整个厨房空间注入了现代风格的时尚感，也彰显了简洁、通透的风格特点。

工艺不同，效果更加多样化

除了天然的颜色及纹理，大理石的切割工艺也会对大理石的装饰效果产生影响，令家居空间的装饰效果更多样化。

材料运用说明： 电视墙面与地面选用同一种石材作为装饰，让整个空间的整体感更加突出。

装饰材料运用

1 无缝木饰面板

2 大理石

大理石速查档案

样式分类	特 点	产 地	参考价格
浅金峰大理石	以褐色为底色,带有金黄色线条,装饰效果强烈	土耳其	180元/m²
新旧米黄大理石	花纹米黄色,层次感强,风格淡雅	意大利	300元/m²
黑白根大理石	以黑色为底色,带有白色筋络条纹	中国	200元/m²
樱桃红大理石	呈酒红色樱桃色泽,风格强烈	土耳其	450元/m²
啡网纹大理石	深、浅、金等几种颜色,纹理清晰,有一定的复古感	中国	300元/m²
爵士白大理石	白底色上带有山水纹路,颜色素雅	中国	300元/m²
安娜米黄大理石	以米色、米黄色为底色,带有米黄色网纹,色泽艳丽、丰富,装饰效果高贵典雅	西班牙	300元/m²
银白龙大理石	黑、白、灰三色如水墨画一般层次分明	中国	450元/m²
银狐大理石	颜色淡雅,吸水性好,不宜用于卫浴间	意大利	400元/m²
中花白大理石	质地细密,以白色为底色,带有灰色山水纹路	中国	300元/m²

• 本书列出价格仅供参考,实际售价请以市场现价为准

No.8 花岗石

花岗石质地坚硬致密、强度高、抗风化、耐腐蚀、耐磨损、吸水性低，花纹美丽，耐用，是家居装饰中常用的材料。花岗石按色彩、花纹、光泽、结构和材质等因素，分不同级次。一般来说，花岗石可分为黑色系、棕色系、绿色系、灰白色系、浅红色系及深红色系六类。

装饰材料运用

1 黑镜吊顶

2 装饰画

3 花岗石地面

材料运用说明： 花岗石丰富的纹理让客厅地面的装饰效果更加突出，同时让整个空间的重心更加稳固。

花岗石的选购

1. 观察外观。选择花岗石时，应观察外观是否存有裂纹、缺棱缺角、色线色斑、凹陷、翘曲、污点等缺陷。除此之外，还应观察石材表面的层理结构，一般来说，质量好的花岗石呈现均匀的晶粒结构，具有细腻的质感；而质量差的花岗石的晶粒粗细不均。

2. 墨水检查。在选购花岗石时，可以在石材的背面滴一滴墨水，如果墨水很快地四处分散浸润，则表明石材的孔隙率较大，材质较疏松，吸水率较大，压缩强度较低；反之则说明石材结构致密，孔隙率较小，压缩强度较高。

3. 查看检测报告。在选择花岗石时, 应注意石材的放射性核素, 一部分花岗石的放射性核素较高, 不适用于家庭室内装修。而不同产地、不同矿场的花岗石其放射性核素也不相同, 因此在选购时, 应向经销商索要产品的放射性核素检验报告进行查看。

花岗石速查档案

样式分类	特 点	应 用	参考价格
奥林匹克金	肉粉色掺杂少许枣红色颗粒, 颜色柔和	一般用于地面、墙面、台面	300元/m²
印度红	结构致密, 色泽华贵, 呈深枣红色	一般用于地面、墙面、台面	300元/m²
蓝珍珠	带有蓝色片状晶体光彩, 产量低、价格高	一般用于台面、墙面	400元/m²
黄金麻	表面光洁度高, 色泽温润, 装饰效果好	一般用于地面、墙面、台面	250元/m²
山西黑	纯黑发亮, 表面光洁度高	一般用于地面、墙面、台面	450元/m²
金钻麻	带有不同颜色的斑点, 色泽艳丽	一般用于地面、墙面、台面	250元/m²
珍珠白	颜色柔和素雅, 产量低、价格高	一般用于地面、墙面、台面	400元/m²
啡钻	颜色偏深, 纹理独特	一般用于地面、墙面、台面	350元/m²

• 本书列出价格仅供参考, 实际售价请以市场现价为准

No.9 天然板岩

天然板岩具有板状劈理结构，是一种质变岩石，触感自然，色彩丰富，即使是同一块板岩，色彩也会有很多层次变化。沉稳的质感、防滑的特性和丰富的色彩是天然板岩最突出的特点。

材料运用说明： 板岩砖装饰的地面突出了美式风格粗犷、自然的风格特点。

装饰材料运用

1 白色人造大理石

2 板岩砖

板岩的运用

板岩的表面粗糙、坚硬，具有一定的防滑性能，适合铺设于户外的走道，也适用于室内玄关、客厅等处。板岩表面有很多细孔，使其吸水率高，但是天然板岩的挥发也快，可用在通风良好的卫浴间和庭院中。不过因其表层凹凸不平的质感，很容易卡污，不适合用于厨房的装饰。

板岩用作地面装饰材料时，因为本身的厚度不一，所以施工时要掌握好水平线，以避免造成地面高低不平。

装饰材料运用

1 金刚砂磁砖

2 灰色人造石台面

3 板岩砖

装饰材料运用

1 白色石膏装饰线

2 纸面石膏板

3 板岩砖

材料运用说明：以淡色调为背景色的空间内，利用板岩砖的材质特点，来突出美式风格的厚重感，即使搭配深色调的家具，也不会让空间显得过于沉重。

天然板岩速查档案

样式分类	特　点	应　用	参考价格
啡隆石	深浅不同的褐色叠层纹理	可用于室内及室外墙面、地面	120元/m²
绿板岩	底色为淡淡的青色，没有明显的纹理	可用于室内及室外墙面、地面	120元/m²
印度灰	具有仿锈效果，以黄色、灰色为主要色调，色彩层次分明	可用于室内及室外墙面、地面	120元/m²

• 本书列出价格仅供参考，实际售价请以市场现价为准

No.10 玻化砖

玻化砖由石英砂、泥按照一定比例烧制，然后将其打磨光亮而成。打磨时不需要抛光，其表面如玻璃镜面一样光滑透亮，是所有瓷砖中最硬的一种，在吸水率、边直度、弯曲强度、耐酸碱性等方面都优于普通釉面砖、抛光砖及一般的大理石。

材料运用说明： 米白色玻化砖为现代风格居室提供了通透、时尚的装饰效果，保证了整个居室的整洁与明亮感。

色彩柔和，安全环保

玻化砖色彩柔和，没有明显的色差，质感优雅，性能稳定，强度高，耐磨，吸水率低，耐酸碱。而且安全环保，不含氡，各种理化性能比较稳定，是替代天然石材较好的瓷制产品之一。

装饰材料运用
1 石膏顶角线
2 壁纸
3 木纹玻化砖

材料运用说明： 木纹玻化砖既有清晰的纹理，又有通透的质感，保证了空间简洁、大方的装饰效果。

装饰材料运用

1 木饰面板混油

2 美耐板搁板

3 木纹玻化砖

装饰材料运用

1 纸面石膏板

2 黑色木质装饰线

3 米色玻化砖

装饰材料运用

1 壁纸

2 柚木饰面板

3 亮面玻化砖

材料运用说明： 简约的空间装饰造型实现了多功能收纳，又满足了美化要求，还能体现出现代风格的时尚感。

材料运用说明: 亮面玻化砖的运用为暗暖色为主的空间增添了通透的整洁感,彰显了现代风格摩登、时尚的风格特点。

装饰材料运用

1 彩色乳胶漆

2 无缝玻化砖

玻化砖的选购

1. 看表面。看砖体表面是否光泽亮丽,有无划痕、色斑、缺边等缺陷。查看底胚商标标记,正规厂家生产的产品底坯上都有清晰的产品商标标记,如果没有或者特别模糊,建议不要购买。

2. 试手感。同规格的砖体,质量好、密度高的,手感都比较沉,质量差的则手感较轻。

3. 敲击瓷砖。若声音浑厚且回声绵长如敲击铜钟之声,则为优等品;若声音混哑,则质量较差。

玻化砖速查档案

	特 点	应 用	参考价格
	色彩柔和、吸水率低,纹理多为仿大理石纹理,缺点是不具备防滑功能	用于玄关、客厅、餐厅等人员流动性大的空间地面铺设	50~500元/m²

• 本书列出价格仅供参考,实际售价请以市场现价为准

No.11 金刚砂磁砖

金刚砂磁砖是在陶砖表面喷一层天然硅砂,通过烧制使天然硅砂与陶砖密实地融合在一起,使用再久都不会脱落,因此金刚砂磁砖具有很好的防滑效果。

材料运用说明: 具有防滑功能的金刚砂磁砖,色彩柔和、沉稳,一方面让整个卫浴间的色彩更有层次,另一方面丰富了空间装饰效果。

装饰材料运用

1 陶瓷锦砖

2 金刚砂磁砖

3 钢化玻璃

外观淳朴,防滑性能好

金刚砂磁砖的花色选择范围小,外观朴素,一般多会用于厨房的地面装饰。由于其具有很好的防滑性能,十分适合有老人和儿童的家庭使用,尤其是厨房、卫浴间和阳台等水汽较重的空间。在使用时如果想增添一些装饰效果,可以与普通防滑地砖搭配拼贴,或者选用其他花色的磁砖交替排列,以增添美观性。

装饰材料运用

1 艺术瓷砖

2 金刚砂磁砖

材料运用说明: 深色调的瓷砖搭配白色填缝剂,让装饰造型简单的墙面更有层次感。

装饰材料运用

1 金刚砂磁砖

2 钢化玻璃

材料运用说明: 双色瓷砖与精美艺术腰线的搭配,上浅下深,让空间中心更加合理、更有层次感。

金刚砂磁砖速查档案

	材 质 特 点	规 格	应 用	参 考 价 格
	防滑、吸水性强、花色较少	15cm×15cm,25cm×25cm	适用于厨房、卫浴间、阳台的墙地装饰	180元/m²

• 本书列出价格仅供参考,实际售价请以市场现价为准

No.12 全抛釉瓷砖

纹理能看得见但摸不着的全抛釉瓷砖是一种精加工砖,它的特点在于其釉面。在其生产过程中,要将釉加在瓷砖的表面进行烧制,这样才能制成色彩、纹理皆非常出色的全抛釉瓷砖。

光亮柔和,装饰效果好

全抛釉瓷砖的釉面光亮柔和、平滑不凸出、晶莹透亮,釉下石纹纹理清晰自然,与上层透明釉料融合后,犹如覆盖着一层透明的水晶釉膜,使得整体层次更加立体分明。

装饰材料运用

1 纸面石膏板

2 壁纸

3 全抛釉瓷砖

装饰材料运用

1 壁纸

2 全抛釉瓷砖

材料运用说明: 当客厅与餐厅共处于同一空间时,地面装饰材料的一致性使空间装饰保持了良好的整体感与时尚感。

安全环保, 经久耐用的抛晶砖

抛晶砖是全抛釉瓷砖的一种, 具有彩釉砖的装饰效果, 吸水率低, 材质性能好。与传统瓷砖相比, 抛晶砖最大的优点在于耐磨耐压, 无辐射无污染, 耐酸碱, 防滑。大块的抛晶砖还有地毯砖的别称, 多数为精美的拼花, 可以组成不同风格的精美花纹, 装饰效果堪比地毯。

材料运用说明: 墙面与地面都采用同一种装饰材料, 打造出一个简洁、明亮又富有整体感的卫浴间。

装饰材料运用

1 全抛釉瓷砖

2 细颗粒花岗石台面

全抛釉瓷砖速查档案

	特 点	应 用	参考价格
	无辐射无污染、吸水率低、经久耐用, 花色多样、造型华丽	适用于客厅、玄关、走廊等人员流动性大的空间地面装饰	150~500元/m²

• 本书列出价格仅供参考, 实际售价请以市场现价为准

No.13 釉面砖

釉面砖，顾名思义就是表面经过施釉和高温高压烧制而成的瓷砖。釉面砖的表面强度大，可作为墙面和地面两用。相比普通玻化砖，釉面砖最大的优点是防渗、不怕脏，大部分的釉面砖的防滑度都非常好，而且釉面砖表面还可以烧制各种颜色、花纹的图案，装饰效果十分丰富。

装饰材料运用

1 彩色亚光釉面砖

2 黑色花岗石台面

3 壁纸

材料运用说明： 彩色釉面砖的运用展现了地中海风格自由、浪漫的风格特点，也让厨房空间增添了一丝活跃的氛围。

釉面砖速查档案

样式分类	特 点	应 用	参考价格
亮光釉面砖	釉面均匀、平整、光洁，颜色亮丽图案丰富，方便清洁	适合营造干净、时尚的效果，多用于墙面装饰	40~500元/m²
亚光釉面砖	颜色图案丰富，防滑效果优于亮光釉面砖	适合营造古朴、雅致的效果，一般用于厨房、卫浴间、阳台等地面装饰	40~500元/m²

• 本书列出价格仅供参考，实际售价请以市场现价为准

装饰材料运用

1 不锈钢条

2 亮光釉面砖

材料运用说明: 土黄色与蓝色两种颜色的釉面砖丰富了墙面和地面的层次感,完美诠释出地中海风格被岁月侵蚀的沧桑美。

釉面砖的选购

1. 看。合格的釉面砖不应有夹层和釉面开裂现象; 釉面砖背面不应有深度为1/2砖厚的磕碰伤; 釉面砖的颜色应基本一致; 距砖1m处观测,好的釉面砖不应有黑点、气泡、针孔、裂纹、划痕、色斑、缺边、缺角等表面缺陷。

2. 听。捏住釉面砖的一角将其提起,用金属物轻轻敲击砖面,听听发出的声音。一般来说,声音清脆的釉面砖密度大、强度高、吸水率较小,质量较好; 反之,声音闷哑的釉面砖密度较小、强度较低、吸水率较大,质量较差。

3. 量。即用尺量的方法检查釉面砖的几何尺寸误差是否在允许范围内。一般来说,长度和宽度的误差,正负不应超过0.8mm; 厚度误差,正负不应超过0.3mm。检查的时候,应随机抽样,即在不同的箱子里取样检查,数量为总数的10%左右,但不要少于3块。

4. 比。随意取两块釉面砖,面对面地贴放在一块,看一看是否有鼓翘。再将釉面砖相对旋转90°,看一看周边是否依然重合。如果砖面相贴紧密,无鼓翘,旋转后周边依然基本重合,就可以认为所查釉面砖的方正度和平整度是比较好的。

仿古砖

仿古砖是一种上釉瓷质砖，通过样式、颜色、图案来营造出怀旧的效果，展现出岁月的沧桑和历史的厚重感。色调以黄色、咖啡色、暗红色、灰色、灰黑色等为主。仿古砖的应用范围较广，是家庭装修中最常用的墙、地通用材料之一。

仿古砖的常见图案与颜色

仿古砖的图案多以仿木、仿石材、仿皮革为主；也有仿植物花草、仿几何、仿织物、仿金属等图案。在颜色运用方面，仿古砖多采用自然色彩，如沙土的棕色、棕褐色和红色色调；叶子的绿色、黄色、橘黄色的色调；水和天空的蓝色、绿色和红色等。

装饰材料运用

1 彩色釉面砖

2 木质搁板

3 仿古砖

材料运用说明： 复古的咖啡色仿古砖稳定了整个用餐空间的重心，装饰出一个安静、沉稳的空间氛围。

装饰材料运用

1 车边银镜

2 素色乳胶漆

3 仿古砖

仿古砖的鉴别

　　1. 吸水率。吸水率高的产品，其致密度低，砖孔稀松，吸水积垢后较难清理，不宜在频繁活动的地方使用；吸水率低的产品则致密度高，具有很高的防潮抗污能力。

　　2. 耐磨度。耐磨度从低到高分为五度。一般家庭装饰用砖在一度至四度间选择即可。

　　3. 硬度。硬度直接影响着仿古砖的使用寿命，可以通过敲击听声的方法来鉴别。声音清脆的表明内在质量好，不宜变形破碎，即使用硬物划一下砖的釉面也不会留下痕迹。

　　4. 色差及方正度。察看同一批砖的颜色、光泽纹理是否大体一致，能不能较好地拼合在一起。色差小、尺码规整的则是上品。

装饰材料运用

1 柚木饰面板

2 壁纸

3 仿古砖

材料运用说明： 地面菱形仿古砖的铺设，让整个空间的美式情怀更加浓郁。

仿古砖速查档案

样式分类	特　点	应　用	参考价格
单色仿古砖	防水、防滑、耐腐蚀，色彩丰富，可大面积使用	可用于不同空间的地面、墙面装饰	20~400元/块
花色仿古砖	防水、防滑、耐腐蚀，图案丰富多彩，多为手工绘制	多用于点缀装饰，如墙面腰线或地面波打线等	20~400元/块

● 本书列出价格仅供参考，实际售价请以市场现价为准

No.15 木纹砖

木纹砖同时具有木地板的温暖外观与瓷砖防腐耐潮的优点，它是通过在瓷砖表面进行喷釉和压纹的方法，使瓷砖表面具有仿木纹的色泽与触感，是目前市场上比较流行的一种绿色环保型建材。

质感温暖，经久耐用

木纹砖的表面纹路逼真、自然朴实，与抛光砖和石材比起来，其防滑功能更好，既有木质的温馨和舒适感，又易于保养。此外，木纹砖的表面经过防水处理，可直接用水擦拭，同时又具有阻燃、耐腐蚀、不褪色、使用寿命长等特点。

装饰材料运用
1 人造板岩砖
2 胡桃木饰面板
3 木纹砖

装饰材料运用
1 壁纸
2 大理石踢脚线
3 木纹砖

材料运用说明： 木纹砖温和朴素的质感，让整个餐厅空间都洋溢着自然、淳朴的美式格调。

材料运用说明： 简洁的地面设计搭配了深色实木家具的沉重感，营造出一个高雅、舒适的休息氛围。

装饰材料运用

1 胡桃木装饰线

2 木质踢脚线

3 木纹砖

木纹砖速查档案

样式分类	特　点	应　用	参考价格
洗白木纹砖	表面硬度很高，吸水率较低，表面光滑，色彩淡雅	适用于现代风格与小空间装饰	30元/块（国产）
半抛木纹砖	表面相比其他木纹砖更加光滑，带有亮釉表层，纹理较深，具有很强的防滑性与耐磨性	色泽淡雅，适用于现代风格、田园风格、日式风格等配色简洁的空间铺贴	50元/块（进口）
陶质木纹砖	硬度较低，表面经过抛光处理，墙面、地面都可以使用。色泽光亮，色彩丰富，纹理比较平滑，因此防滑效果比较差	更多情况下被用于墙面的装饰	30元/块（国产）
浅褐木纹砖	硬度更高，吸水率低，表面纹理更加粗犷。色彩以浅褐色、浅米色为主	多用于乡村田园风格空间	50元/块（进口）

• 本书列出价格仅供参考，实际售价请以市场现价为准

No.16 皮纹砖

皮纹砖是仿动物原生态皮纹的瓷砖。皮纹砖克服了传统瓷砖坚硬、冰冷的材质特性，从视觉和触觉上可以体验到皮革的质感。皮纹砖凹凸的纹理、柔和的质感，让瓷砖不再冰冷、坚硬。皮纹砖有着皮革质感与肌理，同时还具有防水、耐磨、防潮的特点。

装饰材料运用

1 亚光瓷质砖

2 白色人造石台面

3 黑色皮纹砖

皮纹砖速查档案

	特　点	应　用	参考价格
	常见的颜色有白色、黑色、棕色、红色以及米色等，纹理凹凸不平，质感柔和，防水、耐磨、防潮	适于吧台、卧室、浴室、电视背景墙等居室空间的铺贴，可以与皮革家具协调搭配，营造和谐统一的整体家居氛围	350~600元/m²

• 本书列出价格仅供参考，实际售价请以市场现价为准

皮纹砖的选购

1. 手拿皮纹砖观察侧面，检查其平整度；将两块或多块砖置于平整地面，紧密铺贴在一起，缝隙越小，说明砖体平整度越高。

2. 一只手捏住皮纹砖的一角，提于空中，使其自然下垂，然后用另一只手的手指关节敲击砖体中下部，声音清脆者为上品，声音沉闷者为下品。

3. 检测吸水率是评价皮纹砖质量的一个非常重要的方法。可以在皮纹砖背面倒一些水，看其渗入时间的长短。如果皮纹砖在吸入部分水后，剩余的水还能长时间停留其背面，则说明皮纹砖吸水率低、质量好。反之，则说明皮纹砖吸水率高、质量差。

装饰材料运用

1 素色乳胶漆

2 木质踢脚线

3 灰色皮纹砖

材料运用说明： 深色调的亚光皮纹砖为整个用餐空间注入了一丝安静、沉稳的气息，让用餐空间更加舒适。

No.17 榻榻米

榻榻米是传统日式家居中最经典的一种地面装饰,一年四季都可以铺在地上供人坐或卧。榻榻米主要是木质结构,面层多为蔺草,冬暖夏凉,具有良好的透气性和防潮性,有着很好的调节空气湿度的作用。喜欢休闲风格的业主可以设计一个榻榻米,用来下棋消遣或者喝茶、聊天。

榻榻米的功效

1. 榻榻米是天然环保产品,对人类的健康有绝对的益处。赤脚走在上面,可以按摩通脉、活血舒筋。

2. 榻榻米具有良好的透气性和防潮性,冬暖夏凉,具有调节空气湿度的作用。榻榻米利于儿童的生长发育及中老年人的腰脊椎保养,对于预防骨刺、风湿、脊椎弯曲等有一定的功效。

3. 榻榻米草质柔韧、色泽淡绿,散发着自然的清香。用其铺设的房间,可以有效隔声、隔热。

装饰材料运用

1 碳化竹条

2 PVC地板

3 白色乳胶漆

材料运用说明: 榻榻米的运用,装扮出一个舒适、自然的休闲角落。

装饰材料运用

1 红砖

2 蔺草榻榻米

材料运用说明: 可坐、可卧的日式榻榻米,适合喝茶聊天,让整个家居氛围更轻松、自在。

材料运用说明: 浅咖啡色的空间背景色很好地弱化了深色实木家具为空间带来的沉闷感,让禅意十足的休闲空间更加雅致、舒适。

装饰材料运用

1 工艺品画

2 壁纸

3 蔺草榻榻米

榻榻米速查档案

	材　质	特　点	参考价格
	席面有蔺草面和纸席面两种,榻榻米芯多为稻草、无纺布、木纤维等填充物	薄厚均匀,弹性适中,透气性佳,冬暖夏凉,具有一定的保健功能	可根据实际面积议价

No.18 PVC地板

PVC地板是指采用聚氯乙烯材料生产的地板。主要以聚氯乙烯为原料，加入填料、增塑剂、稳定剂、着色剂等辅料制作而成。PVC地板花色多样，是一种装饰性强的轻型地面装饰材料。

PVC地板的特性

1. 装饰性强。PVC地板有特别多的花色品种，如地毯纹、石材纹、木地板纹、草地纹等，纹路逼真美观，色彩丰富绚丽，可完全满足不同装饰风格的装饰需求。而且无色差，耐光照，无辐射，长久使用不褪色。

2. 安装施工快捷，维护方便。PVC地板安装施工比较快捷，不用水泥砂浆，24h后就可使用。易清洁，免维修，日常清洁时只需用湿抹布擦拭即可，省时省力。

3. 脚感舒适。PVC地板结构致密，表层和高弹发泡垫层经无缝处理后，承托力强，保证脚感舒适，接近于地毯，非常适合有老年人和孩子的家庭使用。

4. 接缝小和无缝焊接。PVC地板采用热熔焊接处理，形成无缝连接，有效避免了地砖缝多和容易受污染的弊病，起到防潮防尘、清洁卫生的效果。

5. 环保安全。PVC地板使用的主要原料是聚氯乙烯材料和碳酸钙，PVC材料和碳酸钙均是环保无毒的可再生资源，不含甲醛、无毒、无辐射。

6. 耐磨、耐刮，使用寿命长。PVC地板表面有一层特殊的经高科技加工的透明耐磨层，具有超强的耐磨性，抗冲击、不变形，可重复使用，使用寿命一般为20~30年。

装饰材料运用

1 壁纸

2 布艺软包

3 PVC地板

材料运用说明： 仿肌理饰面的PVC地板成为地面的唯一装饰，简洁又富有质感，对整个空间氛围的营造起到一定的辅助作用。

装饰材料运用

1 白色乳胶漆

2 钢化玻璃

3 PVC地板

PVC地板速查档案

	特　点	应　用	参考价格
	安全环保，质轻，尺寸稳定；施工方便，花色图案多样，装饰效果好	安全环保，质轻，尺寸稳定；施工方便、花色图案多样，装饰效果好	100~300元/m²

• 本书列出价格仅供参考，实际售价请以市场现价为准

No.19 踢脚线

在居室设计中，踢脚线、阴角线、腰线三者起着视觉的平衡作用，利用它们的线形感觉及材质、色彩等在室内相互呼应，可以起到较好的装饰效果。

功能性与装饰性并存

踢脚线可以更好地使墙体和地面之间结合牢固，减少墙体变形，避免外力碰撞造成破坏。此外，踢脚线也比较容易擦洗，如果拖地不小心溅上脏水，擦洗非常方便。踢脚线除了可以保护墙面外，在家居美观的比重上也占有相当比例。

装饰材料运用

1 素色乳胶漆

2 木质踢脚线

3 实木淋漆地板

装饰材料运用

1 纸面石膏板

2 木质搁板

3 木质踢脚线

材料运用说明：踢脚线的材质、颜色与整体书柜相同，大大增强了空间搭配的整体感，也让墙面与地面的衔接更加合理。

踢脚线与地砖的搭配

　　目前最常用的踢脚线按材质分主要分为: 陶瓷踢脚线、玻璃踢脚线、石材踢脚线、木质踢脚线、PVC踢脚线等。如果选择陶瓷材质的踢脚线，一般建议选择和地砖材质一样的踢脚线为宜，如果地面选择的是仿古砖的话，可以考虑釉面的踢脚线; 如果地面选择的是玻化砖，可以考虑玻化砖踢脚线。

装饰材料运用

1 实木装饰线

2 陶瓷锦砖

3 板岩砖

4 人造石踢脚线

材料运用说明: 将白色木质踢脚线运用于深色地面与墙面的衔接处，既能起到保护墙面的作用，又让整个空间的色彩更有层次。

踢脚线的颜色选择

　　对于踢脚线的颜色选择，主要有两种方式: 一种是接近法，一种是反差法。

　　接近法就是所选择踢脚线的颜色和地面颜色一致或者接近; 反差法就是所选择的踢脚线的颜色和地面的颜色形成反差。一般来说，对于浅色的地砖，不建议选择浅色的踢脚线，可以选择中性的咖啡色的踢脚线。此外，踢脚线的颜色还可以选用与门套相同或接近的颜色，以强调空间的整体感。

材料运用说明： 白色踢脚线的运用有效缓解了大面积暗暖色给空间带来的沉闷感，同时与白色木质家具相呼应，让整个卧室设计更加合理、舒适。

装饰材料运用

1 彩色乳胶漆

2 白色木质装饰线

3 白色木质踢脚线

踢脚线速查档案

样式分类	特　点	材　质	参考价格
木质踢脚线	装饰效果好，色彩纹理丰富	有实木和密度板两种材质，实木价格稍高	30元/块（国产）
人造石踢脚线	可选颜色、花色繁多，防潮、防水、耐用，不变形	人造石踢脚线的原料主要是天然石粉、聚酯树脂、色糊颜料和氢氧化铝	50元/块（进口）
玻璃踢脚线	具有晶莹剔透的特性，装饰效果好，缺点是易碎	以玻璃为主材料，经切割、精细打磨，表面喷涂优质的进口纳米材料	30元/块（国产）

• 本书列出价格仅供参考，实际售价请以市场现价为准

第 4 章

构造施工辅助材料

No.1 龙骨架

龙骨架是用来支撑造型、固定结构的一种构造材料，是装修结构的骨架和基材。在一般家庭装修中最常见的有吊顶龙骨、地板龙骨或造型墙龙骨，其材质有木龙骨和钢龙骨两种。

如何避免龙骨松动

在安装龙骨的时候，应注意小龙骨连接长向龙骨和吊杆时，接头处的钉子不能少于两颗，同时要配合使用强力乳胶液进行粘接，达到提高连接强度的作用，从而可以有效地避免龙骨松动。

材料运用说明： 顶面的造型设计将餐厅、客厅两个区域完美地划分，丰富的造型设计也让空间更有层次感。

装饰材料运用
1 纸面石膏板
2 实木地板

装饰材料运用

1 纸面石膏板

2 釉面饰面板

3 实木复合地板

木龙骨的选择要点

1. 新鲜的木龙骨略带红色，纹理清晰，如果其色彩呈现暗黄色且无光泽，则说明是朽木。

2. 看所选木方横切面的规格是否符合要求，头尾是否光滑均匀，不能大小不一。同时木龙骨必须平直，不平直的木龙骨容易引起结构变形。

3. 要选木疤节较少、较小的木龙骨，如果木疤节大且多，螺钉、钉子在木疤节处会拧不进去或者钉断木方，容易导致结构不牢固。

4. 要选择密度大、深沉的木龙骨，可以用手指甲抠抠看，好的木龙骨不会有明显的痕迹。

装饰材料运用

1 壁纸

2 胡桃木饰面垭口

3 实木复合地板

材料运用说明： 用顶面的横向龙骨造型，将餐厅与客厅自然地划分开，彰显了现代风格简洁、大气的风格特点，同时也保证了两个空间的采光。

龙骨速查档案

材质分类	材质特点	应　用	参考价格
轻钢龙骨	以优质的连续热镀锌板带为原材料，经冷弯工艺轧制而成；安全、坚固、美观，重量轻、强度高	多用来制作顶面基层框架或隔断的造型框架	30元/块（国产）
木龙骨	由松木、椴木、杉木等树木加工成截面为长方形或正方形的木条；价格便宜、宜施工、重量轻，缺点是不防火	可作为吊顶和隔墙龙骨，也可作为地板龙骨	50元/块（进口）

• 本书列出价格仅供参考，实际售价请以市场现价为准

No.2 顶角线

顶角线也称为阴角线,是指向内凹进的角,墙面和顶棚材质或颜色不同时,会有一条明显的交界线,阴角线是为了掩盖这个边界用的。根据室内不同风格选择木质顶角线或石膏顶角线等,同时也起到装饰作用。

造型丰富,装饰性强

顶角线的款式多种多样,常见的有雕花造型、错层造型、圆角造型等。在取材上有PVC、石膏、木质等,不同造型与材质的顶角线经过刷漆、喷漆或粉刷乳胶漆等工艺处理后,装饰效果更加美观,大大提升了空间的层次感。

装饰材料运用

1 白色石膏顶角线

2 车边银镜

3 全抛釉面地砖

装饰材料运用

1 石膏顶角线

2 布艺软包

材料运用说明: 圆角石膏顶角线的运用,让卧室的顶面设计造型更加丰富,也在一定程度上弱化了直角给空间带来的生硬感。

装饰材料运用

1 实木顶角线

2 壁纸

3 仿动物皮毛地毯

材料运用说明: 实木顶角线与护墙板收边条的材质、色彩保持一致,强调了空间设计的整体感。

装饰材料运用

1 茶镜吊顶

2 石膏顶角线

3 不锈钢条

顶角线速查档案

样式分类		特 点	材 质	参考价格
石膏顶角线		造型多变,有浮雕形、圆角形、错层等多种造型,质轻,防火,耐潮	防潮石膏	30元/块(国产)
实木顶角线		装饰效果好、绿色环保,常见有圆角形、错层以及浮雕造型	天然木材	50元/块(进口)

• 本书列出价格仅供参考,实际售价请以市场现价为准

顶角线的选择

顶角线的宽度有多种选择, 宽度大约在5cm~30cm。可以根据室内的面积来确定宽度, 面积大的空间可以搭配宽一些的款式, 会比较协调, 造型上可以选择雕花或错层造型的顶角线; 而面积小的空间则建议采用窄一些的线条作为装饰, 款式上也应以简洁大方为主。

装饰材料运用

1 石膏顶角线

2 彩色乳胶漆

3 欧式花边地毯

材料运用说明: 花式石膏顶角线与顶面造型的完美结合, 彰显了欧式风格的精致与细腻。

装饰材料运用

1 石膏顶角线

2 壁纸

3 实木复合地板

装饰材料运用

1 石膏顶角线

2 皮革软包

3 木纹砖

材料运用说明: 错层石膏顶角线让顶面设计的层次感更加突出, 十分适用于层架较高的空间。

No.3 收边条

收边条的应用十分广泛，不同材质的地面、墙面，加入收边条可加强两侧平贴面的稳定度。在选择时需要注意收边条材质与地、墙材质的颜色差异，避免搭配上的不协调。

材料运用说明： 金属色收边条让造型简洁的墙面设计更有层次，也为现代风格空间增添了时尚的气息。

装饰材料运用

1 不锈钢收边条

2 壁纸

收边条速查档案

样式分类	特　点	应　用	参考价格
PVC收边条	色彩丰富，可选颜色较多，材质较软	适用于玻化砖或抛光砖	80元/条（2.4m）
塑钢收边条	花纹、色泽款式多，塑钢收边条比较软，不适合用于地面	更适用于墙面修饰	40元/条（2.4m）
不锈钢收边条	使用方便，装饰效果好，硬度高	适用于现代风格家居装饰，多数情况下会使用不锈钢收边条来修饰墙面	130元/条（2.4m）

• 本书列出价格仅供参考，实际售价请以市场现价为准

No.4 填缝剂

填缝剂有耐磨、防水、防油、不沾脏污等突出特点。它可以有效解决瓷砖缝隙脏、黑、难清洗的难题,避免缝隙变黑、变脏,防止细菌危害人体健康。

丰富的色彩与材质

填缝剂的种类十分丰富,目前市场上有水泥、硅胶、水泥加乳胶、环氧树脂四类。可以根据实际的施工需求进行选择。一般市场上的填缝剂有水泥色、白色、咖啡色、黑色等,此外,用来修饰墙面的填缝剂还可以添加金、银粉,以使磁砖与缝隙的颜色更加统一。

装饰材料运用

1 防水石膏顶角线

2 金刚砂磁砖

3 钢化玻璃

装饰材料运用

1 木质搁板

2 金刚砂磁砖

3 防滑地砖

材料运用说明: 白色填缝剂的运用使造型简洁的墙面、地面装饰在色彩与造型上都十分有层次感。

施工方便，可自行操作

填缝剂的施工十分便利，可自行操作，使用填缝剂最适当的时间是在贴好磁砖或地砖48h后。施工前，应先将砖缝中的砂砾清除干净，以免脱落或出现凹凸不平的现象。施工时也要注意做好通风与除湿工作，从而避免填缝剂色泽不均。

装饰材料运用

1 瓷质砖

2 钢化玻璃

材料运用说明： 白色的洁具与洗手台搭配浅咖啡色的墙砖，让整个卫浴间明亮、整洁。

材料运用说明： 黑白色调的卫浴空间，现代感十足；通过不同材质的搭配运用，让整个空间主次分明，增加了空间的层次感。

装饰材料运用

1 防潮石膏顶角线

2 瓷质砖

3 防滑地砖

填缝剂的选购要则

在购买填缝剂时，应确认填缝剂的包装是否完整，避免买到过期或受潮的材料。砖体填缝工程所需工时非常短，修改非常困难，所以应在购买时先确认颜色，再进行施工，如果条件允许，可以将所要填缝的材料样品贴在木板上，来查看填缝剂的实际效果。

材料运用说明： 浴室中地面填缝剂的功能性与装饰性并存；一方面起到防水、保护磁砖的作用，一方面具有提升色彩、造型层次的装饰效果。

装饰材料运用

1 彩色乳胶漆

2 金刚砂磁砖

装饰材料运用

1 素色乳胶漆

2 白色木质踢脚线

3 仿古砖

材料运用说明： 地面白色填缝剂的运用强调了地面装饰材料铺装的创意，为沉稳的空间注入一丝活力。

填缝剂速查档案

	材　料	**应　用**	**参考价格**
	主要材料为水泥、硅胶、水泥加乳胶、环氧树脂等	填补、美化砖体之间的缝隙，起到防污、防霉、防水的作用，施工简单	30~60元/kg

• 本书列出价格仅供参考，实际售价请以市场现价为准

第 5 章

[厨房装饰材料]

厨房台面

台面是厨房中使用率最高的元素之一，因此在选材上应注意材料的安全性及耐用性。一般厨房的油、酱、茶、酸、碱等很容易对台面产生腐蚀或渗透，因此台面材质的耐水性、耐磨性、耐渗透性，以及是否易于清洁等因素显得尤为重要，此外耐温性及抗菌性也在需要考虑的范畴之内。最后才是考虑材料的美观性及装饰性，可以根据居室内的大风格来选择橱柜及台面的样式及颜色。

材料运用说明：米色花岗石台面很好地衔接了墙面与橱柜，让整个厨房空间显得十分雅致、温馨。

装饰材料运用

1 双色瓷质砖

2 粗颗粒花岗石台面

装饰材料运用

1 百叶窗

2 防滑地砖

3 人造大理石台面

台面的日常护理

1. 清洁台面时用柔软的抹布或海绵，清洁剂最好是中性的，非研磨性的。

2. 醋混合水制成溶液能很好地清除污迹及油污等。

3. 避免柠檬酸、醋或其他酸性的产品接触纯黑色花岗石，容易使台面被酸腐蚀。

4. 偶尔采用家具打光料可防止指纹弄花花岗石并使台面看起来更漂亮。

装饰材料运用

1 大理石

2 白色人造石台面

3 吸塑橱柜

材料运用说明: 白色人造石台面是厨房装饰的首选,能够为厨房空间营造一个干净、整洁的氛围。

厨房台面速查档案

样式分类	特　点	材　质	参考价格
人造石台面	表面光滑细腻,耐磨、耐酸、耐高温、抗污能力强、易打理;可任意长度无缝粘接,经久耐用	新型复合材料,用不饱和聚脂树脂与填料、颜料混合,加入少量引发剂加工而成	300元/m²
不锈钢台面	坚固,永远不会开裂,易清洗、抗菌、再生能力强	高密度防火板加一层薄不锈钢板	300元/m²
花岗石台面	质地坚硬、强度高、耐腐蚀、耐磨损,吸水性低,色泽亮丽	天然石材	600元/m²
防火板台面	耐刮、耐腐蚀、耐高温;抗冲击、抗折、抗压、抗渗透	密度板加防火材料和装饰贴面	300元/m²

• 本书列出价格仅供参考,实际售价请以市场现价为准

No.2 整体橱柜

整体橱柜是指由橱柜、电器、燃气具、厨房功能用具四位一体组成的橱柜组合。整体橱柜的功能是将橱柜与操作台以及厨房电器和各种功能部件有机结合在一起，并按照厨房结构、面积以及家庭成员的个性化需求，通过整体配置、整体设计、整体施工，最后形成成套产品，实现厨房工作每一道操作程序的整体协调，并营造出良好的家庭氛围以及浓厚的生活气息。

整体橱柜门板的鉴别

橱柜门板类型较多，有防火板、实木板、烤漆板等，而对于不同的饰面板又有不同的检验标准。如封边类饰面板，要检查封边接口，若封边不牢，接口处"狗牙"多，则质量不好；无封边的饰面板，要检查整体平整度、光泽度和颜色，若表面不平整、无光泽或是颜色有差异，则说明柜门板质量差。另外，还可从柜门板铰链孔处看使用的基材质量，如果基材为中纤板，则质量不好。

装饰材料运用

1 百叶窗

2 细颗粒花岗石台面

装饰材料运用

1 金刚砂磁砖

2 仿古砖

材料运用说明：白色整体橱柜让厨房空间明亮又整洁，可以在一定程度上缓解长期劳作引起的烦躁。

装饰材料运用

1 布艺遮光帘

2 大理石

3 人造石台面

材料运用说明：白色调的厨房空间显得整洁、明亮，彩色元素的融入则为枯燥的厨房增添了一丝情趣。

整体橱柜速查档案

样式分类	特　点	材　质	参考价格
实木橱柜	环保美观，纹路自然，给人返璞归真的感觉。无污染，质轻而硬，坚固耐用	高档实木橱柜材质有柚木、樱桃木、胡桃木、橡木、榉木；中低档有水曲柳、柞木、楸木、桦木、松木及泡桐木等	4000元/延米
三聚氰胺板橱柜	外观漂亮，可以任意仿制各种图案，表面平滑光洁，容易维护清洗。比天然木材更稳定，不会开裂、变形	以刨花板为基材，在表面覆盖三聚氰胺浸渍过的计算机图案装饰纸，用一定比例的黏合剂高温制成	1200元/延米
烤漆橱柜	形式多样，色泽鲜亮美观，有很强的视觉冲击力，表面光滑，易于清洗	分为UV烤漆、普通烤漆、钢琴烤漆、金属烤漆等	1500元/延米
防火板橱柜	表面色彩丰富，纹理美观，防火、防潮、防污、耐磨、耐酸碱、耐高温，易于清洁	采用硅质材料或钙质材料为主要原料与一定比例的纤维材料、轻质骨料、黏合剂和化学添加剂混合而成	1600元/延米
吸塑橱柜	具有防水、防潮的功能，色彩丰富，木纹逼真，且门板表面光滑易清洁，没有杂乱的色彩和繁复的线条	将中密度板进行PVC膜压形成，有亮光和亚光两种	1500元/延米

• 本书列出价格仅供参考，实际售价请以市场现价为准

No.3 炉具面板

炉具面板款式多样，以玻璃面板质感最好，且易清理，但需要注意的是，玻璃炉具面板在熄火后不能马上清理，因为玻璃导热速度快，需退温后再进行清理，日常使用时要避免敲击玻璃面板，以防爆裂。除了玻璃面板外，常用的炉具面板还有不锈钢面板及陶瓷面板。

炉具面板的安全要则

炉具的安全性与炉具面板的承载性、炉具的尺寸等因素密不可分。在使用时要留意炉具含烹调物总重量勿超过18kg，同时，炉具直径也不要超过23cm，因直径太大，火苗往锅沿延伸造成燃气燃烧不充分，有外泄危险。

材料运用说明：黑色烤漆玻璃炉具搭配白色台面，大大增强了厨房的现代感，黑白鲜明的对比让整个空间更显明快、整洁。

装饰材料运用
1 黑色镜面
2 人造石台面

装饰材料运用
1 木纹墙砖
2 细颗粒花岗石台面

装饰材料运用

1 瓷质砖

2 艺术瓷砖

3 白色人造石台面

4 金属砖

材料运用说明： 黑色炉具搭配白色台面，干净利落，墙面的碎花纹磁砖增强了厨房空间的美感，彰显了现代生活的时尚气息。

炉具面板速查档案

样式分类	特　点	参考价格
不锈钢炉具面板	有耐刷、耐高温及久用不易变形的优点，但颜色单调，难与整套厨具搭配，表面易留刮痕	双口炉具面板约800元
玻璃炉具面板	手感好，可选颜色多，易清洁，导热快，熄火后不易马上清洁，厚度不应小于8mm	双口炉具面板约1000元

• 本书列出价格仅供参考，实际售价请以市场现价为准

145

No.4 油烟机

油烟机是净化厨房环境的厨房电器，能将炉灶燃烧的废物和烹饪过程中产生的对人体有害的油烟迅速抽走，排出室外，减少污染，净化空气，并有防毒、防爆的安全保障作用。

油烟机的选择

油烟机可以根据厨房面积和风格来进行选择。如：一字形厨房，油烟机与橱柜的外观相协调即可；U形厨房，油烟机需根据橱柜、厨具的整体外观、色调来调配；L形厨房，多极其简约，油烟机也可秉承简约风格进行选购。

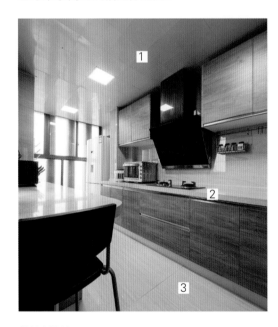

装饰材料运用

1 亮面铝扣板

2 细颗粒花岗石台面

3 全抛釉瓷砖

材料运用说明：温暖的木色打破了黑白色调给厨房空间带来的单调，增添了一丝温馨的感觉。

装饰材料运用

1 亚光铝扣板

2 百叶窗

3 玻化砖

装饰材料运用

1 瓷质砖

2 百叶窗

3 木纹砖

材料运用说明: 厨房墙面用复古的深色砖菱形倒角铺贴,纹理清晰,白色美缝剂让整体设计更有层次感;白色橱柜与米色人造石台面营造出温馨、和谐的空间氛围。

装饰材料运用

1 金刚砂磁砖

2 米色人造石台面

3 金属砖

油烟机的养护常识

1. 油烟机的安装高度一定要恰当,这样既能保证不碰头,又能保证抽油烟的效果。

2. 为了避免油烟机嗓声或振动过大、滴油、漏油等情况的发生,应定时对油烟机进行清洗,以免电动机、涡轮及油烟机内表面粘油过多。

3. 在使用油烟机时要保持厨房内空气流通,这样能防止厨房内的空气形成负压,保证油烟机的抽吸能力。

4. 最好不要擅自拆开油烟机进行清洗,因为电动机一旦没装好,就不能保证抽油烟效果,且会增大噪声;最好请专业人员进行清洗。

材料运用说明: 米色墙砖搭配白色美缝剂,让简洁的厨房墙面更有层次感,深色实木橱柜的运用则彰显出美式风格空间的低调与精致。

装饰材料运用

1 金刚砂磁砖

2 米色人造石台面

油烟机速查档案

样式分类	优 点	缺 点
壁吸式油烟机	嵌入式外观,与橱柜搭配更完美;直吸式结构,低耗能环保电动机,动力强劲	价位较高
顶吸式油烟机	吸力强,吸油烟效果好	体积较大,不适合小面积的厨房
侧吸式油烟机	美观,样式新颖且不容易碰头	吸力不强
下排式油烟机	整体式一机购全,节省空间;油烟吸除率高,设计符合人体工程学	价位较高

No.5 水槽

　　厨房水槽按材料不同可分为铸铁搪瓷、陶瓷、不锈钢、人造石、钢板珐琅等，按款式可分单盆、双盆、大小双盆、异形双盆等。目前不锈钢水槽最为常见，不仅因为不锈钢材质表现出来的金属质感颇有现代气息，更重要的是不锈钢易于清洁，面板薄，重量轻，而且还具备耐腐蚀、耐高温、耐潮湿等优点。

装饰材料运用

1 金刚砂磁砖

2 木质搁板

3 防火板台面

装饰材料运用

1 金刚砂磁砖

2 白色人造石台面

3 实木整体橱柜

材料运用说明： L形的厨房简洁实用，墙面的米黄色瓷砖搭配白色美缝剂，让整个氛围更加温馨、雅致，也让空间更有律动感。

不锈钢水槽的选购

1. 选购不锈钢水槽时,先看不锈钢材料的厚度,以0.8~1.2mm厚度为宜,过薄影响水槽的使用寿命和强度,过厚则会失去不锈钢的弹性,容易损伤陶瓷类餐具。

2. 再看表面处理工艺,高光的光洁度高,但容易刮划;砂光的耐磨损,却易聚集污垢;亚光的既有高光的光洁度,也有砂光的耐久性,一般选择较多。

3. 使用不锈钢水槽,表面容易被刮划,所以其表面最好经过拉丝、磨砂等特殊处理,这样既能经受住反复磨损,也更耐污,清洗方便。

不锈钢水槽速查档案

样式分类	特　点
 单槽水槽	单槽水槽比较适用于面积较小的厨房,其缺点是体积小,只能满足最基本的清洁功能
 双槽水槽	双槽水槽是最常见的,只要不是过于狭小的厨房空间,都可以选用
 三槽水槽	三槽水槽多为异形设计,比较适合大厨房使用,可以同时兼具清洗、浸泡与收纳存放等功能

第 6 章

卫浴间装饰材料

No.1 抿石子

抿石子的浆料成分为抿石粉浆料，是掺了白水泥、树脂粉和石粉的黏着剂。再以1:2的比例添加打碎的天然石进行搅拌，涂抹在墙面或地面后经过打磨即成抿石子。另外，除了天然石以外，琉璃、宝石等石类也可以作为抿石子的添加原料，装饰效果比锦砖、磁砖更加多元化，更能展现出主人的品味与个性。

选材丰富，用途广泛

抿石子是家庭装修中最常见的墙、地通用装饰材料，施工不受面积尺寸的限制，不存在修边等问题，完全可以根据自己的喜好进行设计施工。将石头、琉璃、宝石等和水泥砂浆混合搅拌后涂抹在墙面上，可以依照不同的种类与大小及色泽变化，展现出独特的装饰效果。抿石子可以装饰墙面、地面，也可以作为浴缸外壁的装饰，甚至还可以作为暗示空间划分的波打线，用途十分广泛。

装饰材料运用
1 彩色抿石子拼花
2 大理石
3 全抛釉瓷砖

装饰材料运用

1 不规则抿石子拼花

2 钢化玻璃

3 大理石波打线

材料运用说明： 极富装饰效果的抿石子贴面是整个卫浴间最亮眼的装饰，极具设计感。

抿石子速查档案

成分	天然石子加入抿石粉浆，也可以加入琉璃、宝石等
优点	无接缝、附着力强，使用寿命长
缺点	表面不平，容易藏污垢，不易清洗，不抗酸碱
应用	墙面、地面、室内外均可使用
参考价格	因材料与工艺手法不同可议价

No.2 炭化木

炭化木是经过炭化处理的木材,以高温热风去除木材内部水分,使其失去腐朽因素。具备防腐特性,不易变形,耐潮湿,稳定性高,室内外皆可使用。

炭化木的分类

1. 表面炭化木是指木材表面具有一层很薄的炭化层,对木材性能的改变可以类比木材的涂装,但可以突显表面凹凸的木纹,产生立体效果。

2. 深度炭化木也称为完全炭化木。是经过200℃左右的高温炭化技术处理的木材,具有较好的防腐防虫功能,是真正的绿色环保产品。深度炭化防腐木广泛应用于墙面、厨房装修、桑拿房装修、家具等许多方面。

装饰材料运用

1 炭化木横梁

2 陶瓷锦砖

3 仿古砖

装饰材料运用

1 碳化合板浴室柜

2 炭化木地板

材料运用说明: 卫浴间干湿分区,布局紧凑的淋浴间内采用碳化木作为地面装饰,既有风化功能,又有良好的装饰效果。

炭化木的特性

1. 炭化木安全环保。它是不含任何防腐剂或化学添加剂的完全环保的木材，具有较好的防腐防虫功能。

2. 炭化木含水率低，耐潮、不易变形，是不开裂的木材。

3. 炭化木加工性能好，克服了产品表面起毛的弊病，经完全脱脂处理，涂布方便。

4. 炭化木里外颜色一致，泛柔和绢丝样亮泽，纹理变得更清晰，手感温暖。

装饰材料运用

1 炭化木吊顶

2 抛面石英砖

材料运用说明： 炭化木吊顶清晰的纹理、温润的色泽是整个卫浴间装饰的亮点，让整个空间都散发着自然、淳朴的美式情怀。

炭化木速查档案

	特　点	种　类	参考价格
	环保，防腐、防虫，稳定性强	有表面炭化木和深度炭化木两种	3000元/m²

• 本书列出价格仅供参考，实际售价请以市场现价为准

No.3 碳化合板

碳化合板是碳化薄木片经过高压压制而成，木料经过高温碳化，不易受虫蛀，采用热塑性聚合树脂黏合，异于传统胶合板采用的含水黏胶，更加抗潮湿，不易变形。

碳化合板的耐用性

碳化合板与一般的板材相比，耐久性更强。因为碳化合板经过碳化后，具备了抗虫功效，木料不易因受潮而变形、开裂。黏合剂为受热熔化的特殊树脂，经过高温高压黏着定型，不会因为空气的湿度及温度变化而受到影响，既提升了耐久性，又增强了环保性。

装饰材料运用
1 装饰银镜
2 高量釉砖
3 碳化合板浴室柜

装饰材料运用
1 桑拿板吊顶
2 金刚砂磁砖
3 碳化合板浴室柜

材料运用说明： 卫浴间的家具采用碳化合板进行制作，既耐潮、防水，又有良好的装饰效果，这一点是其他木质板材不能及的。

碳化合板的应用

　　碳化合板由于表面无细腻处理程序，因此在使用时需要配合装饰材料。碳化合板、木芯板可配合木工做柜体；碳化合板也能当作室内的间隔材料，或做吊顶材料、壁材。但是表层需要涂刷一层漆料或用其他面材包裹。

碳化合板与一般合板的比较

样式分类	特　点	参考价格
碳化合板	甲醛含量：无甲醛 合板用胶：热塑性聚合树脂 稳定性：抗潮湿、不易变形	100~500元/片
一般合板	甲醛含量：含量不定 合板用胶：水性胶 稳定性：黏胶不稳定，会因为气温、湿度变化而变质	80~200元/片

• 本书列出价格仅供参考，实际售价请以市场现价为准

No.4 桑拿板

桑拿板是卫浴间的专用板材，一般选材于进口松木类和南洋硬木，经过高温脱脂处理，使其具有防水、防腐、耐高温、不易变形等优点。

桑拿板的常见基材

常见的桑拿板材质主要有红雪松、樟子松等。红雪松桑拿板无节疤，纹理清晰，色泽光亮，质感好，做工精细；樟子松桑拿板则是目前市场上最流行的产品，价格低，质感好；吉红雪松桑拿板尺寸稳定，不易变形，加之有天然的芳香，最适合建造桑拿房。其中，红雪松是一种天然防腐木材，不经过任何处理，具有防腐、防霉、防腐烂的功能。

装饰材料运用

1 桑拿板吊顶

2 防水艺术涂料

材料运用说明： 卫浴间的主题色为暗暖色，大量的木质元素的运用让整个空间都流露出典雅、大方的韵味，白色洁具的运用则勾勒出空间层次。

材料运用说明： 卫浴间以白色、米色为主色调，清新舒适又不失简约优雅，木色桑拿板的运用给空间注入了一些温暖的气息。

装饰材料运用

1 桑拿板

2 全抛釉砖

装饰材料运用

1 桑拿板吊顶

2 钢化玻璃

3 石英砖

材料运用说明：蓝白色调的卫浴间设计给人一种干净整洁的感觉；没有华丽的装饰，通过双色墙砖的点缀搭配，使卫浴间更有层次感。

装饰材料运用

1 亚光石英砖

2 桑拿板

3 金属砖

材料运用说明：卫浴间的面积虽然很大，但是并不显得空旷，深色的浴室柜搭配米色的墙砖，不同区域的不同材料使整个卫浴间的空间划分十分合理，保证了卫浴间的明亮、干爽。

桑拿板速查档案

	材质特点	应　用	参考价格
	主要采用红雪松、樟子松、吉红雪松等为原材料；经过高温脱脂，板材不易变形，易安装	除了用于桑拿房外，还可用作卫浴间、阳台的吊顶、墙面装饰	40~60元/m²（不含安装费）

• 本书列出价格仅供参考，实际售价请以市场现价为准

No.5 瓷质砖

瓷质砖具有天然石材的质感，吸水率低，硬度高，且表面花釉经过高温烧制，材质耐磨不易变形，已经成为卫浴磁砖的最佳选择。瓷质砖的花色丰富，有较大的可选择性。

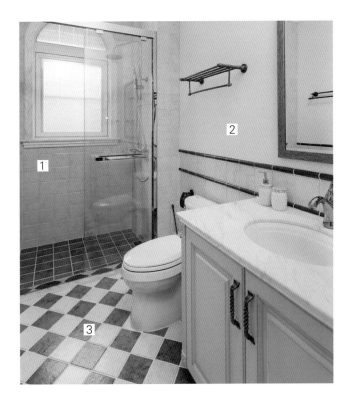

瓷质砖的选购

在选购瓷质砖时，应先观察砖体表面的平整度，并用手敲击瓷质砖表面，听一下声音，如果声音清亮，即表明砖体密度高，反之，则说明砖体内部可能有裂痕。

装饰材料运用

1 瓷质砖
2 防水乳胶漆
3 彩色釉面砖

装饰材料运用

1 瓷质砖
2 钢化玻璃

材料运用说明： 米色瓷砖搭配黑色美缝剂，让设计造型简洁的墙面看起来更有层次感。

装饰材料运用

1 瓷质砖

2 不锈钢条

材料运用说明：通透的钢化玻璃与米色墙砖搭配，强化了空间的层次感，也不会破坏空间的整体感。

装饰材料运用

1 陶瓷锦砖

2 瓷质砖

材料运用说明：黑白色调的卫浴间流露出十足的时尚感，白色美缝剂与卫浴设备的运用完美地缓解了大面积黑色给空间带来的压抑感。

瓷质砖速查档案

	材质特点	应用	参考价格
	由黏土、石英砂混合制成；花色多、吸水率低、耐磨损、耐酸碱、不变色、使用寿命长	多用于卫浴间、厨房、阳台等湿气较大的空间	300元/m²

• 本书列出价格仅供参考，实际售价请以市场现价为准

161

No.6 防滑砖

防滑砖的砖面带有褶皱条纹或凹凸点,以增加砖面与人体脚底或鞋底的摩擦力,防止打滑摔倒。由于防滑砖的表面纹理比较突出,因此在使用时应注意及时清理污垢,否则容易导致污垢堆积,给清洁和保养带来不便。

防滑砖的养护

防滑砖经过一段时间的使用,其防滑功能会有所减弱,此时可以使用防滑剂进行处理。在使用防滑剂增加防滑砖防滑性能时,要注意不同的防滑砖品种应采用不同的处理时间,在处理时间内应保持处理表面湿润。还有一种方法就是粘贴止滑贴条,来增强防滑砖的防滑度。

装饰材料运用

1 陶瓷锦砖

2 防滑砖

材料运用说明: 卫浴间的墙面由两种材质及色彩的装饰材料组成,凸显了空间设计的层次感。

装饰材料运用

1 瓷质砖

2 细颗粒花岗石台面

3 防滑砖

材料运用说明： 卫浴间的设计以浅色为主，给人一种干净整洁的感觉；防滑砖的运用则更多注重的是其突出的防滑特点以及装饰上的层次感。

装饰材料运用

1 不锈钢条

2 瓷质砖

3 陶瓷锦砖

材料运用说明： 卫浴间干湿分区，布局紧凑，半深半浅的墙砖极具设计感，打造出一个很有特色的空间氛围。

防滑砖速查档案

	常见规格	特　点	参考价格
	300mm×300mm 400mm×400mm 600mm×600mm	防滑效果好，环保无毒、无辐射	120元/m²

• 本书列出价格仅供参考，实际售价请以市场现价为准

石英砖

石英砖由于烧制的时间久，因此水分少、细孔小、硬度高、吸水率低，更加坚硬耐磨，使用寿命长，不易破裂，十分适合浴室的墙面、地面使用。石英砖的坯体是由石英细粒或粉末制成，依表面处理方式，可以分为抛光、半抛光、雾面、凿面四种。可以根据实际的装修风格进行选择。

石英砖的合理应用

选择浴室地面磁砖时，首先要考虑的是防滑度。磁砖表面若是凹凸不平，防滑能力就好，应尽量选择凿面石英砖、半抛光石英砖或雾面石英砖。如果想用抛光石英砖来装饰浴室，建议采用干湿分离设计，干的空间使用抛光石英砖会比较安全。

装饰材料运用

1 抛光石英砖
2 防滑垫

材料运用说明：整个卫浴间的墙面与地面均采用石英砖进行装饰，打造出一个淳朴、自然的空间氛围。

装饰材料运用

1 钢化玻璃

2 半抛光石英砖

材料运用说明：灰色调的半抛光石英砖打造出一个极富工业风格特点的卫浴间。

装饰材料运用

1 钢化玻璃

2 板岩石英砖

3 木质搁板

材料运用说明：粗犷的质感与色彩让整个卫浴间都笼罩在一片神秘的氛围当中。

石英砖速查档案

样式分类	特　点	参考价格
板岩石英砖	吸水率低、颜色多，以灰色或灰白色最受欢迎；是防滑效果最好的石英砖，墙面、地面均可使用；缺点是表面凹凸不平，容易卡污	300元/m²
金属石英砖	吸水率低，以半抛光或雾面为主，其古铜色或青金色最受欢迎；装饰效果好，具有一定的防滑功能；缺点是表面不易保养，易退色	300元/m²
抛光石英砖	吸水率低，表面光滑洁净，更适用于墙面装饰；有很强的奢华感，装饰效果好；缺点是没有防滑功能，不适合卫浴间地面使用，价格偏贵	500元/m²

• 本书列出价格仅供参考，实际售价请以市场现价为准

面盆

面盆的种类、款式、造型非常丰富，按材质可分为玻璃面盆、不锈钢面盆、陶瓷面盆等；按造型可分为台上面盆、台下盆、立柱盆和挂盆等。

造型丰富多变的陶瓷面盆

陶瓷面盆以其经济实惠、易清洗的特点深入人心，成为市面上最为常见的面盆之一。陶瓷面盆的造型可选度也相对广泛，圆形、半圆形、方形、三角形、不规则形状等造型的面盆随处可见。此外，由于陶瓷技术的不断发展，陶瓷面盆的颜色也不再仅限于白色，各种色彩缤纷的艺术陶瓷面盆也纷纷出现。

装饰材料运用

1 大理石

2 陶瓷面盆

装饰材料运用

1 陶瓷锦砖

2 陶瓷面盆

3 亚光瓷砖

材料运用说明： 青花陶瓷面盆的运用，为整个卫浴间注入典雅、时尚的气息。

结实耐用的不锈钢面盆

　　不锈钢面盆是以厚材质的不锈钢为原材料制造而成的，面盆表面有进行磨砂镀层处理与镜面镀层处理两种工艺。不锈钢面盆最突出的特点就是结实耐用、容易清洁，但是相对价格也比较高。此外在选择不锈钢面盆时，最好能与卫浴间内其他钢质配件相互搭配，以体现出装修风格的整体感。

装饰材料运用

1 瓷质砖

2 大理石

3 钢化玻璃

材料运用说明：不锈钢面盆的色泽与质感为卫浴间增添了一丝硬朗的气息。

现代感十足的玻璃面盆

　　玻璃面盆时尚、现代，色彩与款式是其他材质面盆无法比拟的，同时它还具有晶莹剔透的美感，深受当下年轻人的喜爱。在选择玻璃面盆时，最应该注意的是面盆壁的厚度，最好选择19mm壁厚的产品，它的耐热度可以达到80℃左右，耐冲击性与耐破损性也比较好。

装饰材料运用

1 瓷质砖

2 玻璃面盆

3 陶瓷锦砖

选购面盆的注意事项

1. 面盆的深浅要适宜。面盆太浅,在使用时容易水花四溅;面盆太深,则容易造成使用不便。

2. 面盆的款式是否与浴室风格相协调。尽量不要选择造型太过花哨的面盆,建议从性能、浴室面积、浴室风格、性价比等诸多方面进行综合考虑。

3. 应侧重考虑浴室的面积大小。如果卫浴间的面积小,则适合选择立柱盆、挂盆;如果卫浴间面积足够大,则可以选择各种造型的面盆。

装饰材料运用

1 实木顶角线

2 陶瓷锦砖

3 大理石

材料运用说明: 手绘陶瓷面盆的运用彰显了传统美式风格的精致品位,也为空间色彩的层次提升起到不可忽视的作用。

面盆速查档案

样式分类	特　点	材　质	参考价格
台上面盆	安装在洗手台表面上的面盆，安装方便，便于收纳一些洗漱物品	有陶瓷、不锈钢、玻璃等多种材质	250元/个
台下面盆	易清洗，更加节省洗手台的空间，安装前应在台面上预留位置，尺寸的大小一定要与面盆吻合，否则会影响美观	有陶瓷、不锈钢、玻璃等多种材质	250元/个
立柱面盆	整个面盆以立柱为支撑，节省空间且造型优美，非常适合小卫浴间使用	有陶瓷、不锈钢、玻璃等多种材质	250元/个
壁挂面盆	一种比较节省空间的面盆类型，适合入墙式排水系统的卫浴间使用	有陶瓷、不锈钢、玻璃等多种材质	180元/个

• 本书列出价格仅供参考，实际售价请以市场现价为准

坐便器

坐便器是所有洁具中使用频率最高的,它的质量好坏,直接关系到生活的品质。同时,坐便器的价位跨度也非常大,从百元到千元甚至万元不等,主要由设计品牌与做工精细度来决定。

坐便器的造型分类

连体式:连体式坐便器是指将水箱与座体设计在一起,造型美观,安装方便,一体成型,是市面上十分常见的一种坐便器设计造型。

壁挂式:壁挂式坐便器是将水箱嵌入墙壁里面,而座体则是悬挂在墙壁外面,通过电子感应系统或按钮进行冲水,水箱不外露,是此类坐便器最大的特点。此外,由于壁挂式坐便器是悬挂在墙壁上的,相比传统的连体式坐便器,地面没有死角,不容易藏垢,是近几年来新流行的一种坐便器款式。

装饰材料运用

1 大理石

2 陶瓷锦砖

材料运用说明：浅色调的运用有效缓解了卫浴间的紧凑感，也让整个空间显得雅致又不失洁净感。

装饰材料运用

1 大理石

2 陶瓷面盆

材料运用说明：白色洁具的运用打破了深色墙面给空间带来的压抑感，也让整个空间显得更加明快、整洁。

坐便器的冲水原理分类

直冲式：直冲式坐便器是利用水流的冲力来排除脏污，具有池壁陡、存水面积小、冲污效率高的优点。直冲式坐便器最大的缺点是冲水声音大，容易出现结垢，防臭功能不如虹吸式坐便器。

虹吸式：虹吸式坐便器的排水结构管道成S形(倒S形)，在排水管道充满水后，便会产生水位差，借助水在坐便器的排污管内产生的吸力将脏污带走，池内存水量大，冲水声音小。虹吸式坐便器可分为旋涡式虹吸与喷射式虹吸两种。虹吸式坐便器的防臭功能比直冲式坐便器要好，但是不如直冲式坐便器省水。

装饰材料运用

1 金属砖

材料运用说明: 以深色调为背景色的空间内,白色卫浴柜及洁具的运用有效缓解了空间的沉闷感,加强了卫浴间的洁净感。

装饰材料运用

1 金刚砂磁砖

2 艺术瓷砖腰线

3 钢化玻璃

材料运用说明: 紧凑的卫浴间内,墙、地的设计仅通过变换瓷砖的色彩及造型来完成,简洁而不失精致。

坐便器样式速查档案

样式分类		特　点	参考价格
连体式		水箱与座体合二为一,安装方便、造型美观	1000元/个
壁挂式		水箱零件隐藏在墙壁里,坐便器悬挂于壁面,节省空间,清洁无死角,可连续冲水	4000元/个

• 本书列出价格仅供参考,实际售价请以市场现价为准

No.10 浴缸

浴缸并不是居室必备的洁具,适合摆放在面积比较宽敞的卫浴间中。但浴缸确是浴室中不可忽视的单品,不仅可以使人们缓解疲劳,还可以为生活增添情趣。

浴缸的选用准则

要选择一个合适的浴缸,最需要考虑的不仅包括其形状和款式,还有舒适度、摆放位置、水龙头种类,以及材料质地和制造厂商等。同时要检查浴缸的深度、宽度、长度和围线。有些浴缸的形状很特别,有矮边设计的浴缸,是为老人和伤残人而设计的,小小的翻边和内壁倾角,让使用者能自由出入。还有易于操作控制的水龙头,以及不同形状和尺寸的周边扶手设计,均为方便进出浴缸而设。

材料运用说明: 红色搪瓷浴缸造型优美,线条流畅,罗马柱腿的描金处理更显奢华,也更稳固。

装饰材料运用

1 百叶窗

2 瓷质砖

装饰材料运用

1 仿大理石砖

2 装饰画

材料运用说明: 浅色调的背景搭配深色浴室柜,使整个卫浴间的色彩搭配十分有层次感。

浴缸的选购常识

1. 水容量：一般满水容量在230~320L。入浴时水要没肩。浴缸过小，人在其中蜷缩着不舒服，过大则有漂浮不稳定感。

2. 光泽度：通过看表面光泽了解材质的优劣，适于检验任何一种材质的浴缸。

3. 平滑度：手摸表面是否光滑，适用于钢板和铸铁浴缸，因为这两种浴缸都需镀搪瓷，镀的工艺不好会出现细微的波纹。

4. 牢固度：浴缸的牢固度关系到材料的质量和厚度，目测是看不出来的，需要亲自试一试，可以通过手按、脚踩测试牢固度。

装饰材料运用

1 PVC扣板

2 金刚砂磁砖

3 防滑地砖

材料运用说明： 米色的墙砖、白色洁具、深色浴室柜，深浅相宜的搭配，以及合理的布局，让整个卫浴间温馨雅致又不失整洁感。

装饰材料运用

1 大理石

2 防水乳胶漆

3 炭化木地板

装饰材料运用

1 大理石

2 钢化玻璃

材料运用说明: 卫浴间的设计以浅色为主,给人一种干净整洁的感觉; 没有华丽的装饰,仅通过瓷砖本身的纹理来突出设计的层次。

浴缸速查档案

样式分类	特　点	材　质	参考价格
亚克力浴缸	造型丰富、重量轻,表面光洁度好,价格经济实惠,且材料热传递很慢,因此保温效果良好	表面为聚丙酸甲酯,背面采用树脂石膏加玻璃纤维	2000元/个
实木浴缸	结构紧密、结实耐用,给人以亲近自然的感觉	选择木质硬、密度大、防腐性能佳的材质,例如: 云杉、橡木、香柏木等	5000元/个
铸铁浴缸	坚固耐用,使用寿命很长,易清洗、耐酸碱、耐磨性能强,但是铸铁浴缸的自身重量非常大,安装与搬运比较难	采用铸铁制造,表面覆搪瓷	6000元/个
钢板浴缸	钢板浴缸不易黏附污物,耐磨损、易清洁,但是相比铸铁浴缸与亚克力浴缸,钢板浴缸的保温效果要略低一些	用一定厚度的钢板制作成型后,再在表面镀搪瓷	5000元/个

• 本书列出价格仅供参考,实际售价请以市场现价为准

No.11 淋浴房

淋浴房可以划分出独立的浴室空间,可以有效地将浴室做到干湿分区,方便清洁的同时还能使浴室更加整洁,十分适用于卫浴间面积小的家庭使用。

材料运用说明: 钢化玻璃淋浴房保证了小浴室的干湿分区,实现了紧凑而不拥挤的理想效果。

装饰材料运用

1 陶瓷锦砖

2 防滑地砖

3 吸水地垫

淋浴房选购注意事项

1. 看板材。淋浴房所使用的主要板材是钢化玻璃。选购时应先观察玻璃的表面是否通透,有无杂点、气泡等;其次是要注意玻璃的厚度,至少要达到5mm。

2. 检查防水性。淋浴房的密封胶条的密封性要好,才能起到防水的作用。

3. 看五金。淋浴房门的拉手、拉杆、合页、滑轮及铰链等配件是不可忽视的细节,这些配件的好坏将直接影响淋浴房的正常使用。

4. 看铝材。如果淋浴房的铝材的硬度和厚度不够,淋浴房使用寿命将会很短。合格的淋浴房铝材厚度均在1.5mm以上,同时还要注意铝材表面是否光滑、有无色差和沙眼以及表面光洁度情况。

装饰材料运用

1 水晶灯

2 木纹砖

3 钢化玻璃

材料运用说明: 通透的钢化玻璃淋浴房让整个卫浴间的布局更加合理,墙面与地面的大面积木纹砖则彰显了空间设计的整体感。

淋浴房速查档案

样式分类	特　点	参考价格
一字形淋浴房	适合大部分浴室使用,不占面积,造型简单	3000元/个(根据定制面积不同,成品造价不同)
直角形淋浴房	直角形淋浴房适用于面积宽敞一些的浴室中	3000元/个(根据定制面积不同,成品造价不同)
五角形淋浴房	相比直角形淋浴房,五角形淋浴房更加节省空间,十分适用于小面积的浴室空间	3000元/个(根据定制面积不同,成品造价不同)
圆弧形淋浴房	曲线造型的外观更加节省空间,安装价格相对比较高	3000元/个(根据定制面积不同,成品造价不同)

• 本书列出价格仅供参考,实际售价请以市场现价为准

花洒

花洒是淋浴用的喷头，是浴室中使用率最高的配件之一。通常来讲，花洒的质量直接关系到洗澡的畅快程度，选购合适的花洒成为浴室装修十分重要的一个环节。此外，花洒的面积与水压有着直接关系，通俗来讲，大花洒需要的水压也大。

花洒的选购

选择花洒时首先要看出水，在挑选时让花洒倾斜出水，如果最顶部的喷孔出水明显小或干脆没有，说明花洒的内部设计很一般；其次看镀层和阀芯，一般来说，花洒表面越光亮细腻，镀层的质量就越好，好的阀芯顺滑、耐磨；最后，花洒配件会直接影响到其使用的舒适度，也需格外留意。

装饰材料运用

1 皮纹砖

2 大理石

3 六角陶瓷锦砖

材料运用说明： 黑、白、灰为主的卫浴间内，色彩布局合理，打造出一个既有层次又不失条理的空间氛围。

装饰材料运用

1 木纹瓷砖

2 大理石台面

材料运用说明: 布局紧凑的小空间浴室,运用横纹墙砖起到拉伸视觉的作用。

装饰材料运用

1 陶瓷锦砖拼花

2 彩色乳胶漆

3 陶瓷面盆

花洒速查档案

样式分类	特　点	参考价格
手提式花洒	可以将花洒握在手中随意冲淋,靠花洒支架进行固定	120元/个
头顶花洒	花洒头固定在头顶位置,支架入墙,不具备升降功能,不过花洒头上有一个活动小球,用来调节出水的角度,活动角度比较灵活	120元/个
体位花洒	花洒暗藏在墙中,对身体进行侧喷,有多种安装位置和喷水角度,起清洁、按摩作用	120元/个

• 本书列出价格仅供参考,实际售价请以市场现价为准

No.13 水龙头

水龙头是控制水流止的阀门。市面上的水龙头多是铜质或不锈钢材质。其中以不锈钢水龙头的应用最为广泛，有着物美价廉的优点。在选择时应从材质、功能、造型等多方面来综合考虑。

装饰材料运用

1 彩色抿石子

2 粗陶瓷面盆

材料运用说明： 铜质水龙头独特的设计造型与陶瓷面盆相搭配，为卫浴间增添了一丝古典的韵味。

装饰材料运用

1 板岩石砖

2 方形陶瓷面盆

材料运用说明： 金属色的龙头、方形面盆、粗糙的石英砖等元素，打造出一个粗犷又不失时尚感的卫浴间。

第 7 章

[门、窗与辅助配件]

防盗门

防盗门作为入户门，是守护家居安全的一道屏障，所以应首先注重其防盗性能。其次，防盗门还应该具备较好的隔声性能，以隔绝室外的噪声。防盗门的安全性与其材质、厚度及锁的质量有关，隔声性则取决于其密封程度。

防盗门的结构分类

1. 栅栏式防盗门就是平时较为常见的由钢管焊接而成的防盗门，它的最大优点是通风、轻便、造型美观，且价格相对较低。该防盗门上半部为栅栏式钢管或钢盘，下半部为冷轧钢板，采用多锁点锁定，保证了防盗门的防撬能力。

2. 实体式防盗门采用冷轧钢板挤压而成，门板全部为钢板，钢板的厚度多为1.2mm和1.5mm，耐冲击力强。门扇双层钢板内填充岩棉保温防火材料，具有防盗、防火、绝热、隔声等功能。一般实体式防盗门都安装有猫眼、门铃等设施。

3. 复合式防盗门由实体门与栅栏式防盗门组合而成，具有防盗、隔声，夏季防蝇蚊、通风纳凉和冬季保暖的特点。

装饰材料运用　**材料运用说明：** 黑色入户防盗门与玄关柜、格栅的色彩搭配得十分完美，体

1 木质窗棂间隔　现空间设计整体感的同时，也彰显了中式风格的韵味。

2 大理石

装饰材料运用

1 实木装饰立柱

2 美耐板饰面板

材料运用说明: 嵌入式整体玄关柜的双色设计,让整个玄关空间的色彩更有层次,空间布局更简洁大气,彰显了现代风格简约而不简单的风格特点。

防盗门速查档案

材质分类		特　点	参考价格
钢质防盗门		钢质防盗门是市场上最常见的防盗门,造型单一,价格较低	1000元/扇
钢木门		颜色、木材、线条、图案丰富,是一种可以定制的防盗门,防盗性能通过中间的钢板来达到	1000元/扇
不锈钢防盗门		坚固耐用,安全性更高,有银白色、黄钛金、玫瑰金、红钛金、黑钛金、玫瑰红等多种颜色可选	1000元/扇
铜质防盗门		防火、防腐、防撬、防尘,从材质上讲,铜质防盗门是最好的,从价格上讲,它也是最贵的	每扇达万元以上,最贵可达数十万元

• 本书列出价格仅供参考,实际售价请以市场现价为准

No.2 折叠门

折叠门为多扇折叠，适用于各种大小洞口，尤其是宽度很大的洞口，如阳台。折叠门的五金结构复杂，安装要求高。安装折叠门可打通两个独立空间，门可完全折叠起来，有需要时，又可保持单个空间的独立，能够有效调节空间使用面积，但价格比推拉门的造价要高一些。

折叠门的选购

选择折叠门时，先要考虑款式和色彩应同居室风格相协调。选定款式后，可进行质量检验。最简单的方法是用手触摸，并通过侧光观察来检验门框的质量。可用手抚摩门的边框、面板、拐角处，品质佳的产品没有刮擦感，手感柔和细腻。站在门的侧面迎光看门板，面层没有明显的凹凸感。

装饰材料运用

1 茶色玻璃折叠门

2 大理石

材料运用说明： 茶色玻璃折叠门的灵活性保证了空间布局的合理划分，同时也为空间提供了一定的隐秘性。

装饰材料运用

1 磨砂玻璃折叠门

2 木质搁板

装饰材料运用

1 素色乳胶漆

2 钢化玻璃折叠门

3 实木复合地板

材料运用说明：灵活通透的钢化玻璃折叠门，有效地将玄关与厨房两个空间划分开，同时又不会影响两个空间的采光。

折叠门速查档案

	特 点	结 构	参考价格
	装饰效果好，节省空间、使用方便	铝合金框架、不锈钢五金配件、PVC气密压条	1500~3500元/m²

• 本书列出价格仅供参考，实际售价请以市场现价为准

No.3 实木门

实木门取原木为主材做门芯，烘干处理后经过下料、抛光、开榫、打眼等工序加工而成。实木门具有不变形、耐腐蚀、隔热保温、无裂纹、吸声、隔声等特点。常见的实木门有全木、半玻、全玻三种款式。实木门给人以稳重、高雅的感觉，多会选用比较名贵的胡桃木、柚木、沙比利、红橡木、花梨木等作为原材料，因此价格也较为昂贵。

实木门的选购

1. 检验涂装质量。触摸感受漆膜的丰满度，漆膜丰满说明涂装的质量好，对木材的封闭也有保障；站到门面斜侧方的反光角度，看表面的漆膜是否平整，有无橘皮现象，有无凸起的细小颗粒。如果橘皮现象明显，则说明漆膜烘烤工艺不过关。对于花式造型门，还要看产生造型的线条的边缘，尤其是阴角处有没有漆膜开裂的现象。

2. 看表面的平整度。如果木门表面的平整度不够，则说明选用的板材比较廉价，环保性能也很难达标。

3. 看五金件。尽量不要自行另购五金件，如果厂家实在不能提供合意的五金件，一定要选择质量有保障的五金件。

装饰材料运用

1 大理石

2 人造石踢脚线

3 亚光地砖

材料运用说明： 独立式玄关中，玄关柜及门的颜色一致，使整个空间的色彩层次得到提升。

装饰材料运用

1 彩色乳胶漆

2 白色护墙板

3 木纹砖

材料运用说明：餐厅与过道共处同一空间，通过墙面的色彩进行区域划分，是个十分巧妙的设计手法，让小空间不至于太过紧凑。

装饰材料运用

1 彩色乳胶漆

2 实木复合地板

材料运用说明：独立式的玄关设计增添了入户的仪式感，起到了很好的视觉缓冲作用。

实木门速查档案

	材　质	特　点	参考价格
	沙比利、红橡木、花梨木、樱桃木、胡桃木、柚木等实木	不变形、耐腐蚀、隔热保温、吸声、隔声	3000元/扇

• 本书列出价格仅供参考，实际售价请以市场现价为准

No.4 实木复合门

实木复合门的门芯多以松木、杉木或进口填充材料等黏合而成，外贴密度板和实木木皮，经高温热压后制成，并用实木线条封边。实木复合门重量较轻，不易变形、开裂。此外还具有保温、耐冲击、阻燃等特性，隔声效果与实木门基本相同。高档的实木复合门手感光滑、色泽柔和。

实木复合门的结构

优质实木复合门从内部结构上可分为平板结构和实木结构（含拼板结构、嵌板结构）两大类。

实木结构门的外观线条立体感更强、造型突出、厚重，彰显文化品质，属于传统工艺生产，做工精良，结构稳定，但造价偏高。适用于欧式、新古典、新中式、乡村、地中海等经典居室风格。

平板结构门的外型简洁，现代感强，材质选择范围广，色彩丰富，可塑性强，易清洁，价格适宜，但视觉冲击力偏弱。适合现代简约风格居室运用，可为空间增加活力。平板结构门也可以通过镂铣塑造多变的古典式样，线条的立体感较差，缺乏厚重感，造价相对适中。

材料运用说明： 狭窄的小玄关内，采用镜面作为玄关柜门的装饰，充分利用镜面达到扩充空间的视觉效果。

装饰材料运用

1 装饰镜面

2 实木淋漆地板

实木复合门的选购

1. 在选购实木复合门时要注意查看门扇内的填充物是否饱满。

2. 要观察门边刨修的木条与内框连接是否牢固，面板与门框的粘贴是否牢固，有无翘边和缝隙等。

3. 查看面板的平整度，有无裂纹及腐斑，木纹是否清晰，纹理是否美观等。

装饰材料运用

1 红樱桃木饰面板

2 壁纸

3 半抛光石英砖

材料运用说明： 室内门与护墙板的颜色、材质保持一致，大大增强了空间设计的整体感。

装饰材料运用

1 白色护墙板

2 彩色乳胶漆

3 玻化砖

实木复合门速查档案

	特　点	材　质	参考价格
	隔声、隔热、强度高、耐久性好，价格便宜，色彩多样，适合各种风格空间使用	木材与密度板胶合而成	1500元/扇

模压门

模压门是由两片带造型和仿真木纹的高密度纤维皮板经机械压制而成的。由于门板内是空心的，隔声效果相对实木门来说要差些，并且不能湿水和磕碰。模压门价格较实木门更经济实惠，且安全方便，因而受到大多数家庭的青睐。此外，模压门还具有防潮、膨胀系数小、抗变形的特性，不会出现表面龟裂和氧化变色等现象。

模压门的选购

在选购模压门时，首先应观察模压门的面板是否平整、洁净，有无节疤、虫眼、裂纹及腐斑等现象，优质模压门的表面木纹清晰，纹理美观。其次，模压门的贴面板与框体连接应牢固，无翘边、无裂缝。内框横、竖龙骨排列符合设计要求，安装合页处应有横向龙骨。最后，还需要根据使用空间的不同，来选择不同款式的门。例如，卧室门，首先要考虑私密性，其次要考虑所营造的氛围，多数会采用透光性弱且坚实的门型，如镶有磨砂玻璃的大方格式的造型优雅的模压门。

材料运用说明： 室内门、玄关柜等都采用同一种材质进行装饰，无缝式衔接设计，体现了现代风格的时尚感与整体感。

装饰材料运用
1 无缝木饰面板
2 实木复合地板

装饰材料运用

1 工艺品画

2 白色木质装饰线

3 竹地板

装饰材料运用

1 红樱桃木饰面板

2 壁纸

3 大理石波打线

材料运用说明：室内门和垭口两相呼应，彰显了传统风格设计的整体性，也让整个空间的色彩更和谐、更有层次。

模压门速查档案

	特　点	材　质	参考价格
	价格低，防潮、膨胀系数小、抗变形，缺点是隔声效果差	高密度纤维板加木面贴皮	500元/扇

• 本书列出价格仅供参考，实际售价请以市场现价为准

No.6 玻璃推拉门

推拉门相当于活动的间隔，同时兼具开放空间与间隔的双重功能，玻璃推拉门具有视觉通透、放大空间面积的作用。玻璃推拉门多以铝合金作为框架，质地十分轻盈。在玻璃的材质选择上，从透明的清玻璃，到半透明的磨砂玻璃或是装饰效果极佳的艺术玻璃、烤漆玻璃等，都能展现出不一样的装饰效果。

玻璃推拉门的门框种类

1. 铝合金框体的门具有框硬、质轻、伸缩性好等特点。颜色、款式比较单一，多用于相对隐形的空间，如衣帽间、储物间以及淋浴房。

2. 木结构的推拉门装饰效果极佳，可以融入大量的装饰元素，如窗棂、雕花等造型设计，多用于室内空间的间隔区分，如推拉式屏风等。

装饰材料运用
1 彩色乳胶漆
2 木质踢脚线
3 白色人造石台面

装饰材料运用
1 白色乳胶漆
2 实木地板

装饰材料运用

1 百叶窗

2 钢化玻璃推拉门

材料运用说明: 玻璃推拉门的通透感,是其他间隔材质不能及的;与百叶窗搭配使用,既能起到空间划分的作用,又能保证私密性。

装饰材料运用

1 木质装饰线

2 壁纸

3 实木复合地板

材料运用说明: 阳台与卧室采用玻璃推拉门进行区分,充分利用了玻璃推拉门的灵活性与通透性。

玻璃推拉门的固定方式

1. 悬吊式:悬吊式推拉门由于是在吊顶内置入轴心,因此对吊顶的承重要求比较高,如果是硅酸钙板或水泥板的吊顶,需要在板面上装置厚度不小于1.8cm的木材角料,以此来增加承重力。悬吊式推拉门是将轨道隐藏在吊顶内,因此需要在装修前就进行安装;若是装修后才考虑安装推拉门,则需要拆除吊顶,进行二次施工,成本十分高。

2. 落地式:落地式推拉门相比悬吊式推拉门更加稳固,对地面水平度要求很高,若地面不平整,则会影响施工效果。落地式推拉门需将轨道留在地面,一旦收起推拉门时,轨道将会露出,对于整体的装饰效果有一定的影响。

装饰材料运用

1 陶瓷锦砖

2 抛光石英砖

装饰材料运用

1 白色乳胶漆

2 实木地板

材料运用说明： 玻璃推拉门的黑色边框，集功能性与装饰性于一体，既能起到良好的装饰效果，又能提醒人们门体的存在。

玻璃推拉门速查档案

	作　用	参考价格
	根据使用玻璃品种的不同，可以起到分隔空间、遮挡视线、增加私密性、增加空间使用弹性等	200元/m²

• 本书列出价格仅供参考，实际售价请以市场现价为准

百叶窗

百叶窗层层叠覆式的设计保证了家居的私密性。而且，百叶窗封闭时就如多了一扇窗，能起到隔声隔热的作用。通常情况下，百叶窗按材质可分为塑料百叶窗与铝塑百叶窗。

不同材质百叶窗的运用

塑料百叶窗的韧性较好，但是光泽度和亮度都比较差；铝塑百叶窗则易变色，但是不变形、隔热效果好、隐蔽性高。在挑选百叶窗时，可以根据安装空间考虑材质，如用在厨房、厕所等较阴暗和潮湿的小房间，就宜选择塑料百叶窗，而阳台、客厅、卧室等大房间则比较适合安装铝塑百叶窗。

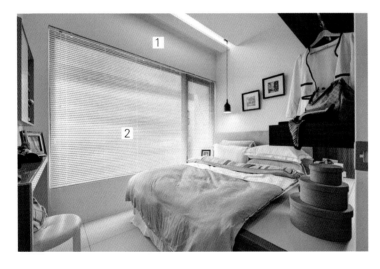

装饰材料运用

1 素色乳胶漆

2 百叶窗

装饰材料运用

1 百叶窗

2 壁纸

材料运用说明：百叶窗的运用，一方面让整个空间的色调更加明亮；另一方面起到调节光线的作用。

百叶窗的选购方法

在选购百叶窗时，最好先触摸一下百叶窗的窗棂片，看其是否平滑，看看叶片是否有毛边。一般来说，质量优良的百叶窗在叶片细节方面处理得较好。若质感较好，那么它的使用寿命也会较长。需要结合室内环境来选择搭配协调的款式和颜色。同时还要结合使用空间的面积进行选择。如果百叶窗用来作为落地窗或者隔断，一般建议选择折叠百叶窗；如果作为分隔厨房与客厅空间的小窗户，建议选择平开式；如果是在卫浴间用来遮光的，可选择推拉式百叶窗。

材料运用说明： 卫浴间中的上拉式百叶窗可以灵活调节光线的同时，也保证了空间的隐秘性。

装饰材料运用

1 百叶窗

2 金属砖

装饰材料运用

1 木质搁板

2 白色乳胶漆

3 实木复合地板

4 百叶窗

材料运用说明： 采光好的空间内，百叶窗是十分实用的装饰品，可以根据光线的变化来进行页面调节，营造一个舒适的阅读空间。

装饰材料运用

1 百叶窗

2 釉面砖

装饰材料运用

1 素色乳胶漆

2 百叶窗

3 实木地板

材料运用说明：大面积的白色百叶窗既能为空间提供功能服务，又可以成为空间色彩层次的调剂元素。

百叶窗速查档案

	特 点	材 质	参考价格
	造型简洁利落，可以灵活调节空间的光照强度，能够保证室内的隐私性，开合方便	有塑料百叶窗、铝塑百叶窗和木质百叶窗	500元/m²

• 本书列出价格仅供参考, 实际售价请以市场现价为准

气密窗

气密窗几乎是每个家居空间装修中的基本配置，气密窗的好坏很难从表面直接看出来，必须通过其出厂证明及检验证明来了解气密窗的等级，从而鉴定其隔声效果。通常情况下，隔声在28dB以上的气密窗才能称为有隔声效果。

气密窗的玻璃选择

气密窗除了金属框架之外，大部分面积为玻璃，因此在玻璃的厚度选择上至关重要。玻璃的厚度决定了隔声性能的好坏。玻璃厚度越大，隔声效果也就相对越好。目前市场上玻璃的种类可以分为单层平板玻璃、胶合安全玻璃和双层玻璃。在厚度相同的情况下，胶合安全玻璃的隔声效果是最好的，因为胶合安全玻璃的两片玻璃中间有金属膜连接，声音的传递会因为金属膜而降低，因此，具有较好的隔声功能；双层玻璃就是由两层玻璃组成的，它的隔热效果很好，隔声效果要比单层玻璃好，但是不如胶合安全玻璃。

装饰材料运用

1 纸面石膏板

2 皮纹砖

3 实木地板

材料运用说明： 采光好的卧室空间内，遮光帘的运用必不可少，曼妙的纱质遮光帘能营造出一个轻柔、舒适的空间氛围。

装饰材料运用

1 柚木饰面板

2 壁纸

材料运用说明: 温馨典雅的墙饰与床品,搭配曼妙的纱质窗帘,营造出一个十分舒适、浪漫的睡眠空间。

装饰材料运用

1 白色亚光铝扣板

2 彩色釉面砖

材料运用说明: L形布局的厨房,选择白色整体橱柜搭配米色台面,墙面和地面采用米色仿古砖,流露出自然朴素之感。

气密窗速查档案

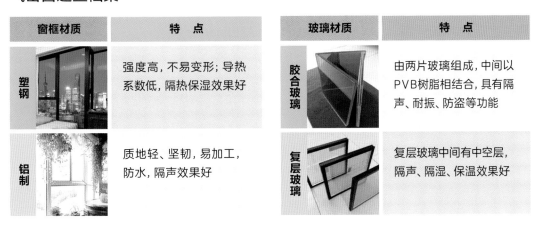

窗框材质		特　点
塑钢		强度高,不易变形;导热系数低,隔热保湿效果好
铝制		质地轻、坚韧,易加工,防水,隔声效果好

玻璃材质		特　点
胶合玻璃		由两片玻璃组成,中间以PVB树脂相结合,具有隔声、耐振、防盗等功能
复层玻璃		复层玻璃中间有中空层,隔声、隔湿、保温效果好

No.9 广角窗

广角窗是铝门窗材质搭配单层玻璃或双层玻璃制造而成的。广角窗的种类多样，有八角形、三角形、多边形、圆形等多种造型。广角窗除了造型多变外，另一个最大的特点就是它可以突出墙面之外，增加室内空间的同时让视觉更加宽阔。

广角窗的选购

在选购广角窗的时候，首先应该注意的是上下盖子是否为一体成型，是否有接缝；其次要注意玻璃、窗框的材质。广角窗突出的部分，会做上下盖，一体成型的上下盖为最佳，若能加强表面的防撞处理、发泡处理、膨胀处理，便更能保证其防水功能，还能减少噪声，达到气密、隔热的效果。

装饰材料运用

1 钢化玻璃

2 细颗粒花岗石

3 实木地板

材料运用说明： 圆形广角窗的视野十分开阔，搭配现代感十足的家具与装饰，让整个休闲角落更加时尚。

装饰材料运用

1 纸面石膏板

2 石膏顶角线

3 壁纸

材料运用说明: 广角窗保证了卧室空间获得良好的通风与采光,厚重窗帘的运用则保证了采光的舒适程度,让卧室更加舒适。

装饰材料运用

1 彩色乳胶漆

2 白色石膏装饰线

3 实木复合地板

材料运用说明: 飘窗的运用打破了暗暖色给空间带来的沉重感,营造出高雅舒适的睡眠氛围。

广角窗速查档案

	类 型	功 能	参考价格
	多为中间固定、两边可开启的形式,开窗形式有斜开或侧推	可作为花台或桌面,增加使用空间,相对普通窗户,视野更加开阔	1200~2000元/m²

• 本书列出价格仅供参考,实际售价请以市场现价为准

No.10 折叠纱窗

纱窗的作用主要是防蚊、防虫，而且不影响室内的通风。折叠纱窗可以根据需求收入线轴内，十分节省空间。相比普通纱窗，折叠纱窗具有多种开窗方式，视开窗面积的大小，可设计为单道、双道或多道开窗方式。此外，折叠纱窗还可以加入不织布或塑料，来达到防水的功能。

隐形折叠纱窗的特点

1. 造型美观，结构严谨。隐形折叠纱窗采用玻璃纤维纱网，边框型材为铝合金，其余的衔接配件全部采用PVC，分体装配，解决了传统纱窗与窗框之间缝隙太大、封闭不严的问题，使用起来安全美观且密封效果好。

2. 使用、存储方便。轻轻一按卷帘隐形纱窗窗纱可自动卷起或随窗而动；四季勿需拆卸，既便于纱窗的保存，延长了使用寿命，又节省了存储空间。

3. 适用范围广。直接安装于窗框，木、钢、铝、塑门窗均可装配；耐腐蚀、强度高、抗老化，防火性能好，无须涂装着色。

4. 纱网选用玻璃丝纤维，阻燃效果好。

5. 具有防静电功能，不沾灰，透气良好。

6. 透光性能好，具有真正意义上的隐形效果。

装饰材料运用

1 纸面石膏板

2 壁纸

3 木质装饰线

4 实木复合地板

材料运用说明： 卧室以棕色与米色为基调，彰显低调的奢华，米色的床品与墙面相呼应，细节处尽显美式的舒适与自然。

装饰材料运用

1 木质装饰线

2 白色乳胶漆

3 胡桃木饰面板

装饰材料运用

1 纸面石膏板

2 壁纸

3 实木地板

材料运用说明: 书房空间的设计造型十分简单,墙面的米色花纹壁纸,搭配白色石膏吊顶,舒适的材质与色彩,营造出优雅的氛围。

折叠纱窗速查档案

	样式分类	优　点	缺　点	参考价格
双道折叠纱窗		适合大面积开窗或落地窗使用	窗框宽带较宽,会占开窗面积	280元/m²
滚筒式纱窗		拉动平顺不跳动,且收起无缝隙	易夹手	(进口)800元/m²

• 本书列出价格仅供参考,实际售价请以市场现价为准

隐形安全护网

隐形安全护网由49条不锈钢丝组成, 承重力强, 每条可以承受80kg的重量。隐形安全防护网不阻碍观景, 但是并不具备防盗功能。

新型安全护网的特点

隐形安全护网以不锈钢丝搭配铝合金轨道框架, 直接固定在墙面或窗台上, 钢丝具有不移位、不松脱的特点, 而且使用寿命也很长。经过改良的隐形安全护网增加了报警装置, 可以有效地弥补产品本身的不足。

装饰材料运用

1 壁纸

2 玻化砖

装饰材料运用

1 壁纸

2 无缝饰面板

3 木质踢脚线

4 实木复合地板

材料运用说明: 主卧空间布局十分简单, 一切以舒适为前提, 大面积的飘窗设计大气优美, 使整个空间的基调更加舒适、自然。

装饰材料运用

1 不锈钢条

2 钢化玻璃

材料运用说明: 优雅奢华的色调搭配复古的描金家具, 彰显了传统欧式风格追求奢华与舒适的特点。

装饰材料运用

1 素色乳胶漆

2 白色石膏装饰线

3 实木复合地板

材料运用说明: 素色乳胶漆搭配白色石膏线, 丰富了墙面的设计造型, 平添了立体感, 打造出一个低调又清新的空间氛围。

隐形安全护网速查档案

	特　点	材　质	参考价格
	不改变建筑物的外观, 不阻挡户外景色, 防止儿童意外坠楼; 窗台深度少于6cm无法安装	直径为0.15cm的不锈钢丝	300元/m²

• 本书列出价格仅供参考, 实际售价请以市场现价为准

No.12 推拉门轨道

推拉门轨道是推拉门十分重要的配件。由于推拉门都非常重，因此要求轨道的质量一定要过关，否则会发生危险。

推拉门轨道的种类

1. 三推拉轨道。三推拉轨道适用于三扇门或以上的推拉门，能更有效地利用空间，达到良好的通风效果。适用于阳台、书房、花园等落地门场所，特别是室外空间较小的阳台。

2. 单推拉轨道。单推拉轨道具有第一内侧边框和第一外侧边框，第一内侧边框和第一外侧边框的上端部设置有钩体；其中靠近第一内侧边框的一侧设置有可供安装活动门扇的单轨道，而靠近第一外侧边框的一侧设置有可供容置压线的安装槽；该单轨道和安装槽之间设置有内腔。

装饰材料运用

1 钢化玻璃

2 复合实木地板

装饰材料运用

1 木质装饰线

2 壁纸

3 混纺地毯

材料运用说明：客厅的设计简约雅致，米色的几何图案壁纸、素雅的布艺沙发色彩协调，体现了空间搭配的整体感。

滑轮的种类

　　滑轮是推拉门轨道中最重要的五金件。目前，市场上的滑轮有金属滑轮和碳素玻璃纤维滑轮。金属滑轮强度大，但在与轨道接触时容易产生噪声。碳素玻璃纤维滑轮内含滚柱轴承，推拉顺滑，耐磨持久，盒式封闭结构有效防尘，更适合风沙大的北方地区，两个防跳装置确保滑行时安全可靠。

装饰材料运用

1 装饰镜面

2 大理石

3 鹅卵石

装饰材料运用

1 胡桃木横梁

2 壁纸

3 实木地板

材料运用说明：宽敞明亮的书房空间，采用暗暖色作为主色调，营造出一个典雅舒适的中式风格书房。

推拉门轨道速查档案

样式分类	分类	作　用	参考价格
	三推拉轨道和单推拉轨道两种	固定推拉门扇，使其可以顺利推拉	80元/m

• 本书列出价格仅供参考，实际售价请以市场现价为准

No.13 门吸

门吸俗称门碰，是一种门页打开后吸住定位的装置，以防止风吹或碰触门页而关闭。门吸分为永磁门吸和电磁门吸两种。永磁门吸一般用在普通门中，只能手动控制。永磁门吸按安装形式可分为墙装式、地装式；按材质可分为塑料型、金属型。电磁门吸用在防火门等电控门窗设备上，兼有手动控制和自动控制功能。

装饰材料运用

1 硅藻泥
2 实木地板

材料运用说明： 独立的小玄关起到了很好的视觉缓冲作用，地面色彩丰富的地毯装扮出一个多彩、活跃的空间氛围。

门吸速查档案

	作　用	材　质	参考价格
	使用门吸可以在开门时将门吸住，固定门，避免被风吹，也可以避免开门时与墙碰撞	金属、塑料	15元/个

• 本书列出价格仅供参考，实际售价请以市场现价为准

No.14 门把手

门把手是不可或缺的门配件，它同时具备装饰性与功能性。通常情况下，门把手是不需要单独购买的，因为市面上所销售的门都会佩带门把手，但是由于门把手的使用率极高，很容易出现脱落、掉漆等现象。门把手按材质可分为陶瓷、实木、金属、玻璃、水晶、塑料、合金门把手等；按照造型可分为单孔球形、单孔条形或日式、中式、现代、欧式等。

根据空间的功能选择门把手

在具体选择门把手时，可以根据所使用空间的功能进行选择。例如入户门一定要买结实、保险的门把手，而室内门则更注重美观、方便。此外，使用频率高的空间，应选择质量好并且开关次数有保证的门把手。门把手的选购还有一个不能忽视的因素——健康。比如卫浴间适合装铜把手，因为铜具有一定的灭菌作用，从抗菌角度来讲，铜把手比不锈钢把手更适合卫浴间使用。

装饰材料运用

1 柚木饰面板

2 白色乳胶漆

3 实木复合地板

材料运用说明： 在独立的玄关空间，造型简洁的木色玄关柜是整个空间的唯一摆设，各色小饰品的运用则让单调的空间更加活跃、更有居家氛围。

装饰材料运用

1 文化石

2 素色乳胶漆

3 仿古砖

材料运用说明： 几何图案地毯搭配造型简洁大方的家具，打造出一个时尚感十足的书房空间。

门把手速查档案

样式分类	特　　点	参考价格
圆头门把手	旋转式开门，价格便宜	60元/个
水平门把手	按压式开门，此类门把手造型较多，价格因造型、材质等因素而变化	100元/个
推拉型门把手	向内或向外平开门，带有内嵌式铰链	100元/个

• 本书列出价格仅供参考，实际售价请以市场现价为准

No.15 仿古窗花

仿古窗花是反映在门窗上各种花纹的简称。如今的仿古窗花融入了大量的现代气息，可以依照需求来定做，仿古窗花有非常多的图案，且每一种图案都有不同的寓意。

造型丰富，寓意深远

中式仿古窗花既保留了古老的元素，又融合了现代气息。雕刻的图样吉祥意味浓厚，大多取材梅兰竹菊、龙凤、蝙蝠、喜鹊等。梅兰竹菊代表四君子，象征品德高洁；龙凤代表富贵；蝙蝠代表福气，五只蝙蝠环绕的图样，代表五福临门；如果有喜鹊、梅花在内，代表喜上眉梢；窗框和图样间的纹路如果方正，则代表步步高升。

装饰材料运用

1 胡桃木横梁

2 木质窗棂雕花

装饰材料运用

1 木质窗棂间隔

2 白色乳胶漆

3 实木地板

材料运用说明：仿古窗棂雕花的间隔将整个空间一分为二，有很强的功能性又不失装饰美感。

仿古窗花的保养

　　中式仿古窗花，由于其材质使用的是原木，在日常生活中应定时清理，特别是镂空状的窗花，需时常清理其中的灰尘。也可以用萃取自树木的精油加以擦拭保养。

装饰材料运用

1 红樱桃木饰面板

2 装饰画

3 壁纸

材料运用说明：仿古雕花的运用体现了传统古典风格手工艺创作的精湛，也彰显了空间设计的整体美感。

仿古窗花速查档案

仿古窗花	材　质	图　样	形　状	参考价格
	榆木、杉木、樟木	梅、兰、竹、菊、龙凤、蝙蝠、喜鹊等；或是福、禄、寿等古字图样	方形、长方形、圆形、椭圆形、扇形等	根据图样大小及复杂程度议价

第 8 章

[电料总汇]

No.1 电线

电线是家庭装修中非常重要的基础建材，也是隐蔽工程的重要内容。电线的质量是否过关，直接关系到装修的效果和用电安全。因此，对电线的选择是绝对不能马虎的，如果选择的电线配置不合理或者是劣质的电线，巨大的安全隐患是可想而知的。

材料运用说明： 简洁的X形支架式落地灯，无论是从色彩、功能，还是造型上，都是营造空间氛围的亮点。

装饰材料运用

1 风化板

2 钢化玻璃

3 大理石

4 实木地板

电线速查档案

	分　类	规　格	参考价格
	塑铜线、护套线、橡套线	电线常用截面面积有1.5mm²、2.5mm²、4mm²、10mm²。1mm²的电线最大可承受5~6A的电流	8元/m

• 本书列出价格仅供参考，实际售价请以市场现价为准

No.2　开关

开关是日常生活中使用率最高的电料，每天都要按动数次，由于开关都是镶嵌在墙壁中，更换起来多少会对墙壁造成一些损伤，十分麻烦。因此在选择开关时，一定要选择质量好的开关。

开关的选购

1. 看外观。优质开关都是采用的PC料(又叫防弹胶)，看起来材质均匀，表面光洁有质感。

2. 看内部结构。开关通常用银合金或纯银做触点，银铜复合材料做导电桥。优质开关采用银镍合金触点，导电性强，耐磨耐高温，有效降低电弧强度，使开关寿命更长。

3. 看款式。目前最常见的开关是大跷板，大跷板开关最大程度地减少了手与面板缝隙的接触，能够预防意外触电。

合理选用不同空间的开关

要根据不同空间的特性来对开关进行适当的选择, 如卫浴间、厨房内需要选择具有防水等级的开关, 或者安装防水盒; 在阳台、玄关等沙尘较大的空间中, 应选择具有防尘等级的开关; 如果电视、冰箱、空调、音响等大型家电放在同一房间, 选择的墙壁开关应与这些电器的负载情况相匹配, 另外, 这些电器应分别使用独立开关控制, 尽量不要使用同一开关, 避免同时启动时峰值电流过高而烧损开关。

装饰材料运用　　**材料运用说明:**伸展式台灯的设计造型极富创意, 体现出工业风格极简的艺术特点。

1 黑色乳胶漆

2 艺术涂料

开关速查档案

样式分类	特　点	应　用
单控开关	为最常见的开关, 可分为单控单联、单控双联、单控三联、单控四联等多种形式	单控单联开关控制一件电器, 单控双联开关可以控制两件电器, 以此类推
双控开关	两个开关同时控制一件或多件电器, 根据所联电器的数量可分为双联单开、双联双开等形式	两个开关同时控制一件电器, 方便开关电器

No.3 插座

插座可插入各种接线，便于与其他电路接通，是为家用电器提供电源接口的设备，也是电器设计中使用较多的电料附件，可以根据使用习惯来选择墙插座或地插座。

插座的选购

品质好的插座大多使用防弹胶等高级材料制成，防火性能、防潮性能、防撞击性能等都较高，表面光滑，选购时可以凭借手感初步判定插座的材质。一般来说，表面不太光滑，摸起来有薄、脆的感觉的产品，各项性能是不可信赖的。好的插座面板表面无气泡、无划痕、无污迹。插座的插孔需装有保护门，插头插拔应需要一定的力度并且单脚无法插入。

插座速查档案

	分 类	材 质	参考价格
	按照使用位置不同可以分为墙面插座和地面插座	主材为ＰＣ料，又称防弹胶	30元/个

• 本书列出价格仅供参考，实际售价请以市场现价为准

No.4 灯具

灯光在居室中的运用是必不可少的,既能为空间提供照明,又能营造出不同的光影效果。不同的造型、色彩、材质、大小都可以根据喜好及空间进行自由选择搭配。

不同空间的灯具选择

客厅最常使用吊灯或吸顶灯作为主要照明灯具,同时搭配落地灯或台灯来做辅助照明,主照明与辅助照明搭配运用,可以使整个空间更舒适、更柔和。在餐厅安装吊灯,则建议使用带有灯罩的吊灯,尽量不要让灯泡外露,否则很容易因为灯泡刺眼而产生不适。卫浴间或厨房空间适合安装吸顶灯,因为吸顶灯的重量较轻,同时也能为空间提供充分照明,另外在卫浴间的灯具建议加装防潮灯罩,避免水汽入侵,以延长灯具的使用寿命。

装饰材料运用

1 纸面石膏板

2 铜质吊灯

3 大理石

装饰材料运用

1 实木装饰立柱

2 铁艺吊灯

3 无缝饰面板

材料运用说明: 半球形吊灯保证了就餐空间的照明,同时又具有良好的装饰效果。

装饰材料运用

1 风化板

2 实木地板

材料运用说明: 简约大气的灯具既能保证空间照明,又具有极强的装饰感,展现出现代风格十足的时尚感。

装饰材料运用

1 黑镜收边条

2 布艺软包

灯光照明的设计原则

　　1. 美观性原则。灯光照明设计是装饰、美化环境与创造艺术氛围的一种重要手段。为了对空间进行装饰美化,增加空间层次感,渲染出对应的空间气氛,采用装饰照明十分重要。

　　2. 功能性原则。灯光照明设计需要符合功能性照明的要求,根据不同的场合、不同的空间、不同的照明对象选择不同的照明方式,并确保恰当的照度与亮度。

　　3. 安全性原则。灯光照明设计要符合相关的照明安全规范,达到绝对安全可靠。

4. 经济性原则。灯光照明设计时，不是灯具的数量越多越好，以亮度取胜，关键是合理设计。灯光照明设计的根本目的是满足人们视觉、生理和审美心理上的需要，使照明空间最大限度地体现出实用性价值和美观性价值，并达到使用功能和审美功能的统一。

灯具速查档案

分 类	特 点	种 类	应 用
吊灯	有单头吊灯和多头吊灯两种，通常情况下吊灯的底部离地面不小于2.2m	欧式烛台吊灯、中式吊灯、水晶吊灯、羊皮纸吊灯、五叉吊灯	客厅、餐厅及卧室
吸顶灯	安装方便，款式简洁	方形吸顶灯、圆形吸顶灯	可用于家居中任意空间
壁灯	局部照明兼装饰使用，灯泡安装高度离地面最好不要小于1.8m	双头壁灯、单头壁灯	根据造型运用于各种风格空间中
台灯	光线集中，无须安装	按材质分为陶灯、木灯、铁艺灯、铜灯；按功能分为护眼台灯、装饰台灯、工作台灯	装饰台灯多用于客厅、卧室等空间，书房多采用护眼台灯
落地灯	局部照明使用，光线可调，落地灯的灯罩下边缘应离地面1.8m以上	灯罩材质丰富，常见有金属、纸质、布艺等多种材质	通常用于沙发或床的两侧装饰使用
射灯	光线装饰效果好	可分为下照射灯、路轨射灯和冷光射灯	可安装在吊顶四周或展示柜上部
筒灯	装于吊顶内部，所有灯光都向下射，灯泡更换方便	按安装方式可分为嵌入式筒灯与明装式筒灯；按灯管安装方式分为螺旋灯头与插拔灯头、竖式筒灯与横式筒灯；按光源个数分为单插筒灯与双插筒灯	常用于吊顶周边的点缀或作为走廊中的主灯